掌控情绪

宿文渊 〔著

中国华侨出版社
北京

　　情绪，是一个人各种感觉、思想和行为产生的心理和生理状态，是对外界刺激所产生的心理反应以及附带的生理反应，包括喜、怒、忧、思、悲、恐、惊等表现，比如高兴的时候会手舞足蹈，发怒的时候会咬牙切齿，忧郁的时候会茶饭不思，悲伤的时候会痛心疾首……这些就是情绪在身体动作上的反应。就情绪来说，最可怕的就是"失控"，有人喜极而泣，有人自怨自艾，有人乐极生悲，有人绝望自杀，原因何在？主要是情绪的失控！其实，每个人都像在同自己战斗，情绪掌控能力差的人就会迷失自己，成为彻底的失败者；而情绪掌控能力强的人就能控制自己内心蠢蠢欲动的想法，能调节即将喷发的怒火，缓解内心的焦虑。唯有掌控好自己情绪的人，才能在人生的道路上不致偏离轨道太远。

　　现代医学已经证实，情绪源于心理，它左右着人的思维与判断，进而决定着人的行为，影响人的生活质量。正面情绪使人身心健康并使人上进，能给我们的人生带来积极的动力；负面情绪给人的体验是消极的，身体也会有不适感，进而影响工作和生活。对情绪问题如果不予理会、不妥善处理就会越积越多、越纠缠越复杂，最后把你的一切都搅得面目全非。成功者掌控自己的情绪，失败者被自己的情绪所掌控，处理情绪问题的关键在于学会对各种情绪进行调适，将其控制在适当的范围内。事实上，喜、怒、忧、思、悲、恐、惊等情绪表现，恰恰是关系到成功或失败的关键，这些情绪的组合有着非凡的意义，掌控得当可助你成功，掌控不当就会导致失败，而成功与失败完全由你自己决定。

因此，我们要擅长掌控自己的情绪，只有这样我们才不会沉沦。一个人要想在事业上取得成功，务必要克制自己的欲望，若克制不住自己，就会沉溺于"失控"状态中不能自制，必然陷入绝境。人生最可怕的就是失控，而导致人生失控的罪魁祸首莫过于情绪失控。坏情绪是一座监狱，阴暗、潮湿；好情绪就像人间天堂，充满阳光和希望。这就是情绪的威力！错误表达自己的情绪，忽视甚至误解他人的情绪，都可能招致不可估量的损失；正确调节自己的情绪，并理解他人的情绪，可以让生活顺风顺水。让生活失去笑声的不是挫折，而是内心的困惑；让脸上失去笑容的不是磨难，而是禁闭的心灵。没有谁的心情永远是轻松愉快的，战胜自我，控制情绪，就要从"心"开始。我们无法改变天气，却可以改变心情；我们无法控制别人，但可以掌控自己。心态可以决定命运，情绪可以左右生活。早晨起来，先给自己一个笑脸，你一天都会有好心情。好情绪会融洽人与人之间的关系，会让人生充满欢声笑语。如何掌控好自己的情绪，如何疏导和激发情绪，如何利用情绪的调控来改善与他人的关系，是我们人生的必修课。

目录
CONTENTS

掌控情绪

▶ 掌控情绪

第一章

情绪爆发，人体不定时的炸弹

什么是情绪爆发

生活中，悲伤、愤怒、恐惧这些人体不定时的"炸弹"随时有可能爆发。脆弱是情绪爆发者当时的特点，心理防线已经崩溃，所有情绪就不在自己控制范围内了。

碰到涕泪横流或暴跳如雷，或极度焦虑而接近崩溃的人时，你会怎么想？是替他们担心，想帮助他们，还是对此感到恼怒，不想被牵连？当你试着让他们静下心来时就会发现，这些办法却助长了他们的情绪爆发，尽管这些办法对那些理性的人有效。这就是所谓的情绪爆发地带。

那么，究竟什么是情绪爆发？

情绪爆发有着各种各样的原因。爆发可能来自危险、恐吓、

像对婴儿一样对待情绪爆发的人

当婴儿的情绪爆发时，家长往往能处理得得心应手；但对于成年人的情绪爆发问题，他们在应对时总是要差很多。其实，这两类人的情绪爆发极为类似，只是人们的反应和感受极为不同。

与成年人接触，人们往往更注意言语，有时试图与爆发者交谈，劝慰他们，使他们能够摆脱情绪困扰。

但人们不会对婴儿也采取交谈和劝慰，而是抱起他们，给他们以身体安抚或者奶瓶。

成年人情绪爆发时，我们不要过于关注外在表现，而要多思考引起这种情绪爆发的内因。要像听到婴儿啼哭时所想的那样，去应对成年人的情绪爆发问题。

痛苦、烦恼，等等。尽管起因和结果各不相同，但它们有如下的共性：

1. 情绪爆发极为迅速

情绪爆发发生得极快，以至很难判断事态和思考应对的方法。速度之快往往让人认为情绪爆发是无法预知的，因为它们总是出现得非常突然。但是，这只是一种感觉，并不能作为评判事实的标准。

先冷静一会儿，使自己对事件的觉醒放慢下来，这样有助于了解起因和结果之间的关联性。如相比自己的母语，外语听起来总是要快一些。

2. 情绪爆发非常复杂

情绪爆发包含言语、思想、激素、神经传导和电脉冲。它由诸多同时发生的事件组成，也包括你和情绪爆发者都有的一些不同水平的体验。

当情绪爆发者对你说话时，你要清楚对方当时的语言内容，思考他们说话时的想法，以及他们身体里正在产生的相关生理反应。

3. 情绪爆发需要参与者

情绪爆发是一种需要他人参与的社会活动，即便找个隐秘的地方爆发，在爆发者的心里也是有听众的。可以这么说，情绪爆发就像一棵倒下的大树所发出的声响。没人听到声响，谁也不知道发生了什么，倒下的大树只是扰乱了周围的空气。与此不同的

掌控情绪

是，情绪爆发者可能持续扰乱空气，直至有人听见情绪的爆发。

一旦情绪爆发，人们就会被牵扯进去，不管他们自己是否愿意，不可能只是目睹它的爆发。而事态的发展都或多或少地取决于人们的回应方式。最佳的回应或许是什么也不要做，特别是当自己没有其他选择的时候。通常，人们对情绪爆发采取的应对方式是以爆发回应爆发，或向爆发者解释不应该有那种情绪的理由。不幸的是，这样往往会使事态朝着更恶劣的方向发展。

4. 情绪爆发是一种表达

情绪爆发者往往想通过自己的极端行为来向外界表达自己的感情与思想。一般地，他们因找不到合适的话语而用行为来引起其他人产生同样的感受。当知道自己的感受被别人理解时，他们的那种被迫性示威行为或许就不会发生。

处于爆发地带的人可能有种被操纵的感觉，或者说，有一种被迫做自己不愿意做的事情的感觉。这样的想法只是一种急切的判断，非常不利于他们了解和处理情绪爆发。

想有效地应对情绪爆发，就必须站在他人的角度看问题。如果认为情绪爆发是别人企图利用自己的恶劣手段，那么这种想法是极为错误的。他们爆发时表现出来的感受，是希望有人能做些事情，使他们感觉好起来，尽管他们往往并不知道那些事情是什么，他们也不在意做事情的主体是谁。

当然，情绪爆发者并不是想故意操纵别人。他们的爆发行为并不是故意的，而是一种无意识的行为。如果想让他们对自己的这种行为负责，这很可能使他们更为恼怒。尝试着询问情绪爆发者想让别人做些什么，是有效地处理问题的技巧。如果你已经知晓他们想要的东西，那就最好不要再继续这个问题。

5. 情绪爆发会反复进行

情绪爆发是系列性的事件，而不是单独一个事件。反复是大多数情绪爆发的关键要素。如何化解这些反复至关重要。遇到让你手足无措的情绪爆发时，可以想方设法稳定爆发者，以防其情绪再次爆发。

解决情绪爆发最好的方法就是尽力去帮助他们，但不是对他们屈服，不是一味地满足他们的任何要求。不能做老好人，但对他们尽量和蔼、细心、帮助。运用一些不会使情绪爆发者受到伤害而对他们有益的方法。这些方法要打破常规，即使令人觉得不舒服的方法也可以拿来试试。

负面情绪消耗着我们的精神

当我们太在意某件事情的时候，就会变得心神不宁，此时负面情绪消耗着我们的活力和精力。这时，是不可能以最佳效率将事情办好的。事实上，所有的负面情绪都与自己的软弱感和力不从心有关，因为此时的思想意识和体内的巨大力量是分离的。所以，在我们的情绪没有回归到平和之前，任何情绪的作用对于我们来说都是消耗；负面情绪越大，持续时间越长，这种消耗就越大。

王萌和李乐是一对恋人，王萌是一个文静细心的女孩子，而李乐正好相反，性格外向、开朗。两人感情一直很好。

一天，李乐到外地出差，因为旅途疲惫就直接在旅馆里休息了，没有给王萌打电话。王萌却在另一个城市苦苦等着李乐的消息，左等右等始终不见李乐的电话，她自己着急了：他现在干什么呢？跟谁在一起呢？这么晚了还不打电话是不是出什么事了呢？越想越糟，却不好意思打电话问原因。就这样，王萌在焦虑不安中度过了一夜。

这是一个在恋爱中十分普遍的现象，如果王萌打个电话问明原因就不会整夜无眠，但是她陷入不良情绪的旋涡中不能自拔。

很多事情证明，如果人们怀着某种美好的情绪去做事时，往往会出现事半功倍的效果；相反，如果用一种消极的态度来面对事情，结果只能是事倍功半。

想想平时发生在我们周围的事情，有多少人因为情绪不好与成功失之交臂，有多少人因为负面情绪而错过了美好的恋人，有多少人因为闹情绪而毁掉了自己的美好前途？

大部分人的智商其实都相差无几，要想在激烈的竞争中脱颖而出，你的情商起到至关重要的作用，人们已越来越重视个人情商的培养。其实，通过一段时间的培训和坚持，我们是可以有效地控制和驾驭自己的情绪的。

首先，要随时避免自己产生不良的情绪，适时转移自己情绪注意的焦点。

学会驾驭自己的情绪，一旦出现不良情绪，就要告诉自己，生气郁闷不仅花费力气，还会伤元气。案例中的王萌就让负面情绪影响了自己，以致浪费了时间，并把自己搞得筋疲力尽。

要学会适时地消除自己的不良情绪。气愤时做几个深呼吸，生气时数数绵羊、听听舒心的音乐、跟好友一起到KTV唱歌，等等，这些都有助于稳定自己的情绪。

其次，意念具有神奇的魔力，可以通过信念的力量来消除不良情绪的困扰。

用体力、情绪和信念三种方式来输出一个点数的能量，以体力的方式输出约10卡路里，而以信念的方式输出的能量是体力的100倍——1000卡路里。可见，信念的力量是巨大的。合理地运用信念，有助于克服不良情绪的困扰。

由真实故事改编的电影《美丽人生》的主人公纳什教授是一个患有精神分裂症的人，在他的生命长河中有三个想象中的人物一直不离不弃地伴随着他。当医生告诉他那三个人是不存在的，是他幻想出来的时候，他很受打击。但是当他确定自己的病情后拒绝服药，而是运用信念的力量杜绝自己与这三个人交流，专心于自己的研究，最终获得了诺贝尔奖。

最后，合理地转化不良情绪，变废为宝。

并非所有的不良情绪都会导致坏的结果，只要合理地运用不良情绪，转变观念，就能变废为宝。所谓"不愤不启，不悱不发"说的就是这个道理。

古往今来，有多少英雄人物成功地走出了人生的低谷，摆脱了不良情绪的困扰。宋代的苏轼留下了上千首千古绝唱，谁曾想过他官场失意，被贬数次？假如他因此郁郁寡欢，沉浸在悲伤的情绪中不能自拔，怎会有那被传颂至今的豪放诗词呢？

当我们抑郁时、痛苦时、沮丧时，要辩证地看待它们，把它们看作一次教训、一种对成功的磨炼，这样不仅帮助我们查漏补缺，而且有利于继续向美好的生活前进，何乐而不为呢？

"情绪风暴"中人容易失控

所谓情绪风暴，是指机体长时间地处于情绪波动不安的应激状态中。美国学者在对 500 名胃肠道病人的研究中发现，在这些病人当中，由于情绪问题而导致疾病的占 74%。根据我国食道癌普查资料，大部分患者病前曾有明显的忧郁情绪和不良心境。我国心理学家在对高血压患者的病因分析中也发现患者病前常有焦虑、紧张等情绪。可见"情绪风暴"对人体有着巨大影响，因而备受重视。

紧张的情绪、超负荷的工作压力会让你产生难以预料的情绪风暴，带给你更多的烦恼。

35 岁的黄荣新是一家贸易公司的部门主管。年纪轻轻的他能有如此出色的事业，除了才华，更多的是靠勤奋。为了这份工作，他每天工作十几个小时，出差更是家常便饭。突然有一天，一向精力充沛的他发觉越来越多的困扰向他袭来：心悸、失眠、易怒、多疑、抑郁，以前 10 分钟就能解决的问题，现在却要花费一个小时，他甚至对工作产生了极其厌倦的情绪，整个人也变得日渐憔悴。

　　实际上，在现代社会中，由工作压力带来的心理矛盾和冲突是普遍存在的。竞争的压力、工作中的挫折、生活环境的显著变化、人际关系的日趋复杂等，使人不可避免地处于紧张、焦虑、烦躁的情绪之中。

　　当个体的情绪处于动荡不安的"风暴"中时，大脑的活动会受影响。例如，过度焦虑会引起大脑兴奋与抑制活动的失调，这不仅使人的认知范围狭窄、注意力下降，严重者还会罹患精神疾病。日常生活中，常见的一些神经衰弱与焦虑等不良情绪有关。此外，有研究显示，大脑活动的失调还会使自主神经系统的功能发生紊乱，长此以往将使身体出现某些生理疾病症状。

　　沃尔夫医生偶然遇到了一个名叫汤姆的病人。汤姆因误食一种腐蚀性的溶液而灼伤了食道，不能再吃食物。于是外科医生在他的胃部开了一个口，以便把食物直接灌入胃中，同时，也提供了从洞口中直接观察胃黏膜活动的机会。人们意外地发现，当病

掌控情绪

学会给自己减压

每个人在工作或生活中都有压力，而压力过大容易让人处于情绪风暴中，从而影响工作、家庭及身体健康，学习如何减压也是一种生活的技巧。

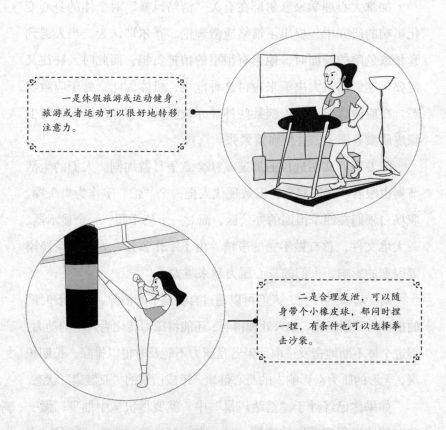

一是休假旅游或运动健身，旅游或者运动可以很好地转移注意力。

二是合理发泄，可以随身带个小橡皮球，郁闷时捏一捏，有条件也可以选择拳击沙袋。

通过多种方式，时常给自己减减压，每天用阳光的心情迎接朝阳，这样生活和工作才会更加有动力。

人处于紧张的情绪状态中时，胃黏膜会分泌出大量的胃液，而胃液分泌过多将导致胃溃疡。由此可见情绪对身体有直接的影响。

加拿大心理学家塞尔耶在有关"情绪风暴"对个体的身心变化影响的研究中，提出了情绪应激理论。塞尔耶认为，当人遇到紧张或危险的场面时，他会有很重的精神负担，而此时人往往又需要迅速做出重大决策来应付这种危机，机体因此会处于应激状态。在应激状态下，人脑某些神经元被激活，它释放出促使肾上腺皮质激素因子，并使血管紧张。

随着现代文明进程的加速，社会竞争日益加剧。人们的生活节奏也跟着"飞"起来，以致现代人把一个"忙"字作为口头禅。职场白领们在四季恒温的办公区，面对一个格子间、一个显示器、一大堆文件，总有做不完的事情。由于工作紧张、人际关系淡漠等因素的影响，人们的身心压力越来越大。

对于轻微的压力，人们可以通过自我调节来消除，或随着时间的推移而日渐淡化。如果处理得当，还能将压力转化为人生的动力，促进个体不断地奋发进取。但若是压力不能及时得以排除，长期积聚，无形的压力会影响人的身心健康，形成所谓的"亚健康"状态。

如果你已经处于"情绪风暴"中，就要尽快从中抽身，做一些对情绪平复有帮助的事情。早一点将"风暴"赶走，就早一点回归安宁、平静、快乐的生活中。你是情绪的主人，要善于调控自己的情绪。

▶ · ◂ 掌控情绪

勿让情绪左右自己

情绪如同一颗炸弹，随时可能将你炸得粉身碎骨。遇到喜事喜极而泣，遇到悲伤的事情一蹶不振，人世间的悲欢离合都被人的心绪所左右。

爱、恨、希望、信心、同情、乐观、忠诚、快乐、愤怒、恐惧、悲哀、疼痛、厌恶、轻快、仇恨、贪婪、忌妒等都是人的情绪。情绪可能带来伟大的成就，也可能带来惨痛的失败，人必须了解、控制自己的情绪，勿让情绪左右自己。能否很好地控制自己的情绪，取决于一个人的气度、涵养、胸怀、毅力。气度恢宏、心胸博大的人都能做到不以物喜，不以己悲。

激怒时要疏导、平静；过喜时要收敛、抑制；忧愁时宜释放、自解；焦虑时应分散、消遣；悲伤时要转移、娱乐；恐惧时要寻求支持、帮助；惊慌时要镇定、沉着……情绪修炼好，心理才健康。

空姐吴尔愉是个控制情绪的高手。她的优雅美丽来自一个健康的心态。她认为，当心里不畅快的时候，一定要与人沟通、释放不快。如果一个人习惯用自己的优点和别人的缺点相比，对什么都不满意，却对谁都不说，日积月累，不但她的心情很糟糕，而且她的皮肤会粗糙，美貌当然减半。所以，有不开心、不顺心的事，她一定找一个倾诉的伙伴。不但自己能一吐为快，朋友也能从旁观者的角度给她建议，让她豁然开朗。

在工作中，她更善于控制情绪，让工作成为好心情的一部分。飞机上常常遇见刁钻、挑剔的客人。吴尔愉总是能够让他们满意而归。她的秘诀就是自己要控制好情绪，不要被急躁、忧愁、紧张等消极情绪所左右，换位思考，乐于沟通。

有一位患皮肤病的客人在飞机上十分暴躁，一些空姐都对他很生气。但是，吴尔愉却亲切地为他服务，并且让空姐们想想如果自己也得了皮肤病，是否会比他还暴躁。在她的劝导下，大家都细心照顾起这位乘客来。

做自身情绪的主人，是吴尔愉生活的准则，也是她事业成功的秘诀。以她名字命名的"吴尔愉服务法"已成为中国民航首部人性化空中服务规范。能适度地表达和控制自己的情绪，才能像吴尔愉一样，成为情绪的主人。

人有喜怒哀乐不同的情绪体验，不愉快的情绪必须释放，以求得心理上的平衡。但不能过分发泄，否则，既影响自己的生活，也会在人际交往中产生矛盾，于身心健康无益。

唱一首歌，一首优美动听的抒情歌、一曲欢快轻松的舞曲或许会唤起你对美好过去的回忆，引发你对灿烂未来的憧憬。

看一部精彩的电影，吃一点最爱的零食……不知不觉间，你的心不再是情绪的垃圾场，你会发现，没有什么比被情绪左右更愚蠢的事了。

第二章 ∧∧

我们为何总是情绪化

—— 情绪认知

接受并体察自己的情绪

每个人的情绪都处于不断变动的状态中，有兴奋期就不可避免地有低潮期，掌管和控制情绪之前应该先去接受和体察它。情绪变化是有规律的，只有接受和体察，才能真正地顺应内心、帮助内心回归平和。

当然，不同的人处理情绪的态度不同，但是大家有一个普遍的共识：情绪不能压抑，压抑会导致各种心理障碍，也会导致某些疾病的产生。因而针对情绪化的人，心理学家建议他们对待情绪的基本态度就是承认和接受。

平时，方女士对同事和对身边的朋友都非常友好，从来不和别人发生冲突，大家都觉得她是一个脾气温和的人。在别人眼里，她温柔又和善。

但回到家里，她往往会因芝麻大的事就对丈夫大发脾气，甚至会摔东西。丈夫对此也很无奈，非常不开心，觉得她很难让人接受。

面对自己阴晴不定的情绪，方女士非常痛苦。其实，丈夫对她很好，她也很爱丈夫，但她又害怕丈夫会因自己的情绪而离开她。有时候，她也非常受不了自己，可是当发脾气的时候她无法预计和控制。很多次，她都告诉自己的父母和丈夫，但他们都说是她自己没有克制能力。对于他们对自己的不理解，方女士很苦恼，于是，她尝试去看心理医生。

心理医生分析了方女士的情况，又咨询了一些关于她成长的事情，最后终于找到她情绪化背后的根源：由于孩提时父母离异，方女士非常敏感但又异常依赖身边的亲人，脾气暴躁。医生为她提出一些改变情绪化的建议，并告诉她要悦纳自己的情绪，才会便于改善情绪。

很多人的情绪化都产生于孩提时代。孩子总是被大人引导，使他们将自己最直接的情感与不愉快的事情相联系：孩子可能因哭闹受到处罚，也可能因嬉闹而受到处罚。揭开情绪的面纱时，自己总是能找到导致情绪化的原因。不能公开地表达自己的情感，但起码可以承认它们的存在。要承认它们存在的最基本的一步就是允许自己体验情感，允许自己出现各种情绪并恰当表达出来。

体察情绪，首先，要正视它。情绪不会凭空消失，存在就是存在，它不可能因为你的否定而消失。相反，一味地否定只能让情绪潜藏在意识里，可能带来更坏的影响。每个人都有发泄情绪的权利，如果不敢承认情绪的存在，可能也就不敢发泄情绪，盲目压抑情绪对个人的身心发展非常不利。

其次，可以采取"情绪反刍"或"寻根溯源"的方法来认识自己的情绪。要沿着自己的心灵发展轨迹，溯流而上，用当前的情绪去联想更多的情绪状态，慢慢体味、细细咀嚼自己的各种情绪经历，并询问自己当时如果没有产生这种情绪会是一种怎样的情形。这样可以使人变得心平气和。

再次，学会养成体察自身情绪的习惯。也就是时时提醒自己注意："我现在有怎样的情绪？"例如，当自己因同事的一句话而生气，不给对方解释的机会，这时就问问自己："我为什么这么做？我现在有什么感觉？"如果察觉自己只对同事一句无关紧要的话就感到生气，就应该对生气做更好的处理。有许多人认为，人不应该有情绪，因而不肯承认自己有负面的情绪。实际上，人都会有情绪，压抑情绪反而带来不良的结果。

最后，缓解和调理自己的情绪。觉察自己情绪的变化，能更清楚地认识自己的情绪源头，也有助于理解和接受他人的错误，从而轻松地控制消极的情绪，培养积极的情绪。疏解和调理情绪，也需要适当地表达自己的情绪。

接受并体察你的情绪，不要拒绝，不要压抑，勇敢地面对自己的情绪变化。在情绪转好之时，抓住机会，投入有意义的事情中。

正确感知你所处的情绪

知觉与评估情绪的能力是心理学上两类最基本的情商，也是衡量一个人情商高低的最基本的要素。通常来说，低情商者对自己及他人的情绪感知能力弱，容易导致情绪失控；而高情商者对自身的情绪能够做理智的分析，对自身情绪的评估能力强，也有利于问题的解决。但往往有很多人，对自身的情绪很难把握，对此，可以从心理状态加以分析。

著名心理学家约翰·蒂斯代尔提出的"交互性认知亚系统"理论是一种以正念为基础的认知治疗理论，该理论认为人一般有三种心理状态：无心／情绪状态、概念化／行动状态、正念体验／存在状态。

无心／情绪状态指人缺乏自我觉知、内在探索与反思，一味沉浸在情绪反应中的表现；概念化／行动状态则指人不去体验当下，只是在头脑中充满着各种基于过去或未来的想法与评价；正念体验／存在状态才是最为有益的心理状态，它是指人去直接感知当下的情绪、感觉、想法，并进行深入探索，同时对当下的主观体验采取非评价的觉知态度。

进入正念状态需要高度集中注意力去关注当下的一切，包括此时此刻我们的情感和体验，而不应当将自己陷入对过去的纠缠或对未来的困惑中，对现在的情绪有所评判和排斥。接受发生的一切，关注当下的感受，才能发挥"正念"的透视力，达到认知自我情绪，主动调适，从而反省当下行为进行调节以增加生活乐趣的目标。

那么，如何将心理状态调整为正念体验／存在状态，这需要我们平时就进行正念技能训练。根据莱恩汉博士的总结，正念技能训练包括"做什么技能"和"如何去做技能"两大类别技能训练。

第一，"做什么"的正念技能包括观察、描述和参与三种方式。

例如，当生气时，留意生气对身体形成的感觉，只是单纯去关注这种体验，这是观察。观察是最直接的情绪体验和感觉，不带任何描述或归类。它强调对内心情绪变化的出现与消失只是单纯去关注，而不要试图回应。

用语言把生气的感觉直接写出来即是描述，如"我感到胸闷气短""心里紧张、冲动"，这都是客观的描述。描述是对观察的回应，通过将自己所观察到或者体验到的东西用文字或语言表达出来，对观察结果的描述不能有任何情绪和思想的色彩，要真实、客观。

对当前愤怒的感受和事情不予回避，这是参与，参与是指全身心投入并体验自己的情绪。在特定的时间内，通常只能用其中一种来分析自己的情绪，而不能同时进行，用这三种方式去感受自己的情绪，有助于留意自身情绪。

第二，"如何去做"的正念技能包括以非评判态度去做、一

心理学中影响情绪的因素

情绪变化受到多种因素的制约，常见的影响因素有认识因素、气质类型、环境刺激等。

认识是一个非常重要的因素。相同的情境，做出的认识评价不同，就会产生不同的情绪体验。

人的气质类型有四种，不同气质的人，情绪表现特点各不相同。

环境因素对人的情绪影响是不可忽视的。如，拥挤的人群常会使人感到紧张、烦躁。

心一意去做、有效地去做。

这些技能可以与观察、描述、参与三种"做什么"正念技能的其中某一项同时进行。以非评判态度去做，应当关注正在发生的一切，关注事物的实际存在，而不需要进行评价。仍以愤怒为例，当生气的时候，"应该""必须""最好是"停止或继续发怒的想法都是有评判色彩的语气。对于愤怒应当去接受而不需要去评判。

一心一意去做，就是要集中精力去关注思考、担忧、焦虑等情绪。美国宾州大学心理学教授托马斯认为由于人总不能把握现在和关注此刻，容易产生焦虑和抑郁的情绪。基于此，托马斯发展了专治慢性焦虑症的心理疗法。"当你在焦虑时，你就专心焦虑吧。"他要求患者每天必须抽出 30 分钟时间在固定的地点去担忧自己平时担忧的事。在 30 分钟之内，患者必须全神贯注担忧；30 分钟之后，则要停止担忧，并要警告自己："我每天有固定的时间担忧，现在不必再去担忧。"

有效去做，就是要让事情向好的方向发展，以有效原则衡量自己的情绪，可以避免感情用事，防止因为情绪失控而做出不恰当的事、说出不负责任的话。

我们通过每天的情绪变化去积极主动地调适自己的心理。可以在情绪激动时及时察觉与反省自己的当下行为，学会控制自己的情绪，使自己在面对痛苦的时候心情有所缓解，恢复快乐。只有学会"感受"自己的感受，方能让自己在处理负面情绪时游刃有余。

运用情绪辨析法则

知己知彼，方能百战不殆。在情绪的战场上，首先要了解自己的情绪，才能保持好情绪、战胜负面情绪。我们不自知的种种心理需求，乃至内心理念以及价值观，都可以通过自身不同的情绪反映出来。因此，要做到"知己"，首先要准确地做出自我情绪辨析，只有如此，才能够有的放矢地解决情绪问题，保持身心健康。

心理学家温迪·德莱登将所有情绪统分为两大类——正面情绪与负面情绪，又将负面情绪进一步细分为健康的负面情绪和不健康的负面情绪。

德莱登认为，健康的负面情绪是由合理的信念引发的。它促使人们正确地判断所处的负面情境改变的可能性，从而理智地做出适应或改变的行为。健康的负面情绪带来的结果是正面的，它引发思维主体进行现实的思考，最终解决问题，实现目标。

不健康的负面情绪是由不合理的信念引发的。它会阻碍人们对不可改变的环境做出判断以及对可以改变的环境进行建设性改变的尝试。不健康的负面情绪导致的歪曲思维会阻碍问题的解决，最终阻碍目标的实现。

大多数人可以准确地判断自己的情绪属于正面的情绪还是负面的情绪，但对很多人而言，如何才能判断当前的负面情绪是否健康是有一定困难的。以担心和焦虑这两种负面情绪为例，由德莱登的定义可知，在信念的来源上，担心源于合理的信念，这种情绪会使行为主体正确地面对威胁的存在，并想办法寻求让自己安心的保障；而焦虑源于不合理的信念，这种情绪会导致行为主体不愿意面对甚至逃避威胁的存在，从而寻求那些并不能使行为主体安心的保证。每个健康的负面情绪，都有一个不健康的负面情绪与之相对应。类似地，德莱登还列举了悲伤、懊悔、失望、悲哀等情绪作为健康的负面情绪的典型代表，列举了抑郁、内疚、羞耻、受伤等情绪作为不健康的负面情绪的代表。而以上情绪都是两两对应的，如悲伤和抑郁，前者是健康的负面情绪，后者是与之相对应的不健康的负面情绪。

判断一种负面情绪是否健康，最本质的区别在于健康的负面情绪源于合理的信念，而不健康的负面情绪源于不合理的信念；同时也可以根据情绪强度来判断，大多数不健康的负面情绪都强于健康的负面情绪，如焦虑的最大强度大于担心的最大强度。

除此之外，健康的负面情绪和不健康的负面情绪，二者所引发的情绪主体的应对行为以及行为趋势也有显著差别，换言之，当人出现情绪问题时，不仅有可能体会到两种不同的负面情绪，而且会由此导致完全不同的有建设性的或无建设性的行动，这种行动可以是真实的也可以是"意愿中"。

举例来说，抑郁的情绪会使人持续回避自己喜欢的活动，而悲伤的情绪会使人在哀伤过后继续参与自己喜爱的活动。同样地，

▶‣ 掌控情绪 🙂

内疚只会使人被动地祈求宽恕，而懊悔会使人主动地要求对方的宽恕。受伤使人被愠怒充斥头脑，忘记理智；而悲哀会使人更加果断地判断事物，理清头绪。羞耻会使人采取鸵鸟战术，以回避他人的凝视来逃避关注；而失望仍能使人正确对待与他人的目光接触，与外界保持联系。

不健康的愤怒会使人仪态尽失，出言不逊甚至诋毁他人；健康的愤怒会促使人果断处理眼前的麻烦，仅关注自己被不当对待的事实而不会迁怒于他人。不健康的忌妒会使行为主体怀疑他人的优势；而健康的忌妒会以开放的态度去学习他人的优点以提高自己。与之相似，不健康的羡慕打击他人进步的积极性；而健康的羡慕会以此为动力鞭策自己获取类似的成功。

在我们经历情绪的变化时，不仅能够判断出自己所经历的是正面的情绪还是负面的情绪，而且能够准确地分辨出其中的负面情绪是否健康，并能分析出此情绪的来源以及可能导致的后果，我们就能真正达到"知己"的境界。

了解我们自身的情绪模式

心理学上有一个定义称为情绪模式，它是指在外界持续刺激的影响下，逐渐形成的固定的连锁情绪反应路径与行为结果。通俗地解释，即"每当……时（外界刺激），我的心情就会……（情绪反应），结果我就会……（产生行为结果）"。例如，每当有女同事穿了漂亮的新衣服，"我"就会认为自己的身材不好，穿同样的衣服肯定没有那样的效果，心情就会很低落，结果整天避免和穿新衣服的女同事正面接触。

情绪模式源于人类大脑的应激功能和记忆功能。如果对外界刺激的应对方式被持续使用，大脑和身体的网络系统就会发生作用，将这种应对机制模式化，生成固定的链接，从而形成情绪模式——面对相同事物时产生相同的情绪、思维和行动。

情绪模式有以下特点。

其一，情绪模式的形成源于相同的刺激源。每当遇到同样的情境，人就会产生相似的情绪并导致相似的行为结果。

其二，情绪模式的形成是一个循序渐进的过程，经过多次相同的外界环境的刺激，情绪模式才会形成。

其三，情绪模式的反应速度极其迅速。它具有"第一时间反击"的特点，一旦形成后，再遇到外界相同的刺激源时就会以主体察觉不到的速度快速启动。

情商理论中有种现象叫作"情绪绑架"，是指已经形成的情绪模式阻碍了大脑的理智思考，强制启动应激行为作为对情绪的反应。这是因为情绪模式一旦形成就很难改变，这也是为什么常常听到有人说"我不知道为什么当时那么伤心，以致做出那么傻的举动"，"我那时候就是忍不住对平时很尊敬的老师大吼大叫"的原因。由此可见，"情绪绑架"对情绪主体是弊大于利的。

人们一直致力于摆脱"情绪绑架"，而成功的关键就在于识别自身的情绪模式，找到病因，对症下药。但是情绪模式经过日积月累已经成为我们潜意识的一部分，行为主体很难站在客观的角度将其识别出来。可以根据以下几个步骤来有意识地察觉自己的情绪变化及其引起的连锁反应，以及最后自己采取的行动，从而识别出自己的情绪模式。

步骤一：记录情绪变化。有意识地关注自身情绪变化，包括变化的原因及变化引发的影响。察觉到这些之后要及时准确地加以记录。

步骤二：自我情绪反省。充分利用步骤一的成果——情绪变化记录表，观察自己历次情绪变化的诱因是否值得，情绪反应的行为是否得当。如果造成的是积极的结果，要告诉自己努力保持；如果造成的是消极的影响，要及时提醒自己消除不良情绪的滋长，将其扼杀在萌芽状态。例如，发现自己总是为衣着打扮等外在因素而忌妒身边的女同事，从而与其疏远，那么经过反思之后遇事就要用包容的心态去思考，要让自己提高内在素养，摒弃对虚无外表的追求。一段时间过后，你会发现自己从前对身外之物斤斤计较的想法是多么可笑和不值得。

步骤三：倾诉不良情绪。不识庐山真面目，只缘身在此山中。由于情绪模式已经固化在我们的头脑和神经系统中，难以自我察觉，所以我们可以求助于他人来捕捉自己的情绪变化。可以先与家人和好友沟通，请他们在自己情绪变化时及时告知。观察的方法可以通过日常沟通中的面部表情、肢体语言等流露出的潜意识来判断你的情绪变化，从而追踪到你情绪变化的诱因和由此导致的行为结果。你可以根据他人的意见来了解自己内心真实的想法。

步骤四：测试自身情绪。我们可以通过专业的情绪测试工具或咨询专家来发现自己的情绪模式。看似与情绪问题相距甚远的测试问卷或者专家的漫无边际的访谈，却可以借助科学的手段准确地了解你情绪模式的病症所在。

当然，以上四个步骤的最终目的是发现问题，解决问题。我们发现了自己的情绪模式之后就可以将其一一列出，并且在每天的日常生活中逐项加以克服，坚持这样一个循序渐进、由浅入深的过程，我们就可以达到摆脱"情绪绑架"的最终目的了。

情绪同样有规律可循

人的情绪如同眼睛一样，也有自己看不到的"盲点"，通过了解自己的情绪盲点，从而把握自身的情绪活动规律，可以有效地调控自己的情绪。

情绪盲点的产生主要有以下 3 个方面的原因。

（1）不了解自己的情绪活动规律。

（2）不懂得控制自己的情绪变化。

（3）不善于体谅别人的情绪变化。

其中，能否把握自身的情绪规律是情绪盲点能否出现的根源。

认识到情绪盲点产生的原因，我们便需要从原因入手，从根源上把握自身的情绪规律。这就需要从以下几个方面加强锻炼，

如何控制自己的不良情绪

人的情绪同其他一切心理活动一样与神经系统有关，大脑皮层下的神经过程在情绪的生理基础上起重要作用，这就决定了人能够主动地控制和调节自己的情绪。可以通过以下途径来控制自己的情绪：

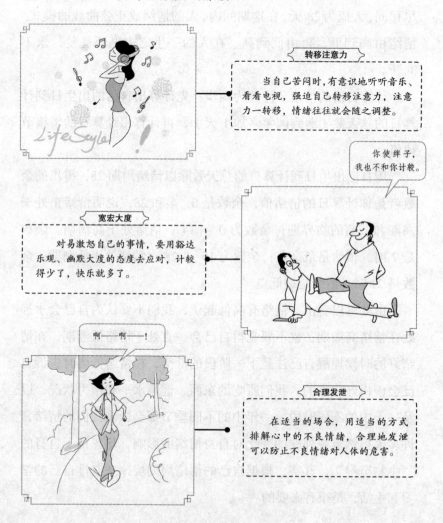

转移注意力

当自己苦闷时，有意识地听听音乐、看看电视，强迫自己转移注意力，注意力一转移，情绪往往就会随之调整。

你使绊子，我也不和你计较。

宽宏大度

对易激怒自己的事情，要用豁达乐观、幽默大度的态度去应对，计较得少了，快乐就多了。

啊——啊——！

合理发泄

在适当的场合，用适当的方式排解心中的不良情绪，合理地发泄可以防止不良情绪对人体的危害。

以培养自己与之相应的能力。

1. 了解自己的情绪活动规律，培养预测情绪的敏锐能力

科学研究证明人都是有情绪周期的，每个人的情绪周期不尽相同，大概为 28 天。在这期间内，人的情绪成正弦曲线的模式：情绪由高到低，再由低到高。在人的一生之中循环往复，永不间断。

计算自己的情绪节律分为两步：先计算出自己的出生日到计算日的总天数（遇到闰年多加 1 天），再计算出计算日的情绪节律值。

用自己出生日到计算日的总天数除以情绪周期 28，得出的余数就是你计算日的情绪值，余数是 0、4 和 28，说明情绪正处于高潮和低潮的临界期；余数为 0 ~ 14，情绪处于高潮期，余数是 7 时，情绪是最高点；余数为 15 ~ 28，情绪处于低潮期，余数是 21 时，情绪是最低点。

由此可以看出，情绪有高低起伏，我们不要认为自己会永远处在情绪高潮期，也不要觉得自己会一直处于情绪低潮期，在情绪好的时候提醒自己注意下一阶段的低落，在情绪低落时告诉自己会慢慢好起来的。我们所吃的东西、健康水平和精力状况，以及一天中的不同时段、一年中的不同季节都会影响我们的情绪，许多人虽然重视外在的变化对自身情绪的影响，却忽视了自身的"生物节奏"，其实，根据自己的情绪周期规律来安排自己的学习和生活，是很有必要的。

掌控情绪

肢体语言中所蕴含的情绪

　　正确识别他人的情绪对自己的人际关系非常重要，其实，想要识别他人的情绪，可以通过观察对方的肢体语言，比如：

生气
脸红、紧闭双唇、交叉手臂或双腿、说话快速、姿势僵硬、握紧拳头等。

怀疑
紧闭双唇、皱眉、斜眼看人，一边嘴角翘起、摇头、转动眼珠等。

紧张
乱瞟、不断玩弄他物、流汗、突兀地笑、抖腿、姿势僵硬等。

2. 学会控制自己的情绪变化，坦然接受自身情绪状况并加以改进

想要控制自己的情绪变化，首先要对自己之前的情绪做一个简单梳理，从之前的经历来寻找自身情绪的活动规律。同样的错误不能犯第二次，这正是掌握情绪活动规律后得到的经验。一个有敏锐感知能力的人能够在自己一次的情绪失控中回顾反思，总结、评估事情的前因后果，并最终达到提升自己情绪调控能力的目的。毕竟，情绪的偶尔失控和爆发是一种正常的现象，但倘若情绪失控成为常态，则不是一件好事。

想要控制自己的情绪变化，还需要对自己的情绪弱点做一个分析总结，认识自己的情绪易爆点在哪里、情绪失控的事情可能是什么，事先考虑好如果再次遇到同种情形所需要选择的应对方式。这样可以在事先做好准备，及时采取应对措施，防止情绪失控之后的被动解决所导致的追悔莫及。

3. 学会理解他人的情绪和行为，同时反省自己

人际交往中，理解的力量是巨大的，但在通常情况下，虽然人们希望得到别人的理解，希望别人能够理解自己的情绪和行为，却往往忽视了理解别人。这就是为什么人的情绪出现盲点的外在原因。

理解他人的需求、情绪和感受等有助于增加交流的共同话题和认同感，有助于彼此之间形成和谐健康的人际关系。并且，通过对别人情绪的反观来看自己的情绪变化和体验，可以清晰地了解自己，从而把握自身的情绪节律和促进自身情绪状况的改进。

►‹ 掌控情绪

第三章 ∧∧

——探究我们的情绪发生

情绪动机

善于运用情绪的自动发生系统

我们的情绪一般都是自发的，也就是情绪反应受潜意识支配。我们每个人的身体里都有一套自动的评估体系，它如同敏锐的雷达，对我们周围的世界进行随时随地监控，关注着与我们自身利益休戚相关的事件。

每个人都有自己的潜意识，也就是下意识、本能的反应。情绪产生的一个重要的途径就是潜意识，潜意识和意识共同支配着人类的各种情绪。但人的思维和潜意识是相互分离的，二者之间存在着交锋，现实情况往往是，潜意识的力量通常被我们忽视。通过潜意识的作用，人类自身产生不由自主的生理反应，由此导致情绪的瞬间改变。在自动评估系统下，潜意识造成的情绪通常是突如其来的，从形成到外在表现，时间相当短。另外，在某一段时间之内，人们往往无法接受不符合当下情绪的任何信息，进入情绪的不反应期，这个时候也容易造成情绪的恶化。

作为一个现代人，要从以下两个方面提升你的情绪调控能力。

1. 要懂得把握关键的 6 秒时间差

情绪产生于不经意间，从开始被刺激到爆发，知觉的评估完成速度非常快，在意识还没有觉察之前便已经结束。因此，事情过去之后很多人会疑惑当时的自己正在做什么，为什么会选择那种情绪。

情绪的自动评估反应机制发生的时间大约为 6 秒钟。只有在这 6 秒钟过去之后，大脑的边缘系统才能将情绪传递给脑皮质，使情绪与思考得以链接。而在这 6 秒钟里，无论威力多么巨大的强迫性思维也赶不上情绪的瞬间爆发性。

如果我们在这 6 秒钟之内不妄加行动，防止自己在情绪控制下产生的冲动，把握这 6 秒钟的时间差，就可以让情绪和思考进行沟通，从而不至于做出情绪化的决定导致以后后悔。

2. 要冷静躲避自己的情绪不反应期

人都有情绪周期，有很多时候，情绪周期中会出现意外的低落期，在心理学上称为"情绪的不反应期"，又称情绪过滤理智期。这段时间内人们无法接受不符合当下情绪、无法持续原有情绪、不能将情绪合理化的信息，容易陷入不适当的情绪。当情绪压过理智时，人们会以自己的直接体验来感受所发生的事情，并且想办法去证实它以保持自身的情绪，从而强化自己的情绪反应。这既忽略了周围不符合当下情绪的新信息，又限制了我们处理事情的能力，导致一味地陷在情绪化的反应中无法自拔。

生活中正是由于很多人不了解自己的情绪周期，才容易反复陷入情绪化的反应之中。想要有效调控自己的情绪，就必须警惕自己的"情绪的不反应期"，通过多种方式去了解自己容易在什么情况下、发生什么事情时可能进入情绪的不反应期，将有助于我们解决问题。

给你的情绪留一个思考空间

既然情绪有爆发的可能，我们就要在此之前先让自己冷静而理智地分析，而后再选择表达何种情绪，这就是思考性评估机制。思考性评估为思维预留了空间，有助于防止对发生的事情做出错误的判断，这种习惯是个人素养的一种体现，也为情绪判断提供了缓冲的时间。

运用思考性评估进行情绪调控的时候，需要记住"该不该""值不值""有没有用""如何超越"等几个关键点。如，当有人顶撞你的时候，不妨运用以上几个关键点对自己的情绪进行分析。先试着想，对方顶撞自己，自己是否应该产生情绪；如果自己没有做错什么，按理说可能生气。而后问问自己为当前这件事生气是否值得。如果产生的情绪发泄出来对于问题的解决于事无补，就应该考虑是否换一种情绪。对于应该产生的、值得发泄的情绪，

掌控情绪

也需要评估它是否有用。如果情绪发泄之后，心情在短时间内可能舒畅，却引发双方更大的情绪，这样既不利于矛盾的解决，又给自己造成了更大的麻烦。遇到这类情况便需要思虑再三，再选择巧妙的处理方式来平复双方的情绪。情绪的反应得当有利于促进双方问题的解决，以及双方关系的友好发展。

例如，在公司上下级交流的过程中，作为领导，当听到员工带来的坏消息时，可能产生愤怒、焦虑等情绪，从而形成情绪的本能反应是指责员工办事不力。但如果在这种情绪爆发之前运用思考性评估对情绪进行分析，通过以上几个关键点的思考来对当前事情进行深入体验，或许会意识到员工本身并非有意犯错。可能员工的出发点也是为公司考虑，但事与愿违，员工对事情的结果也充满愧疚和不安。通过这样思考，领导与员工的交谈或许就能以一种积极的态度来处理和解决了。如果再加上领导鼓励和安慰的话语，或许员工还会心存感激。

当遇到问题的时候，即使情绪爆发快要到达极点，也需要先平静下来，拿出纸和笔进行一番理智的分析。这样，原本将要产生的不健康的负面情绪就有可能平复，代之而来的是健康的负面情绪或是积极的正面情绪，同时，真正科学合理的思考性评估反应模式首先需要建立科学合理的认知。心理学曾对情绪的产生存在着两种认知的误区：一种认为情绪的产生是受环境刺激的影响，另一种认知则认为情绪是生理因素导致的。在 20 世纪 70 年代初，美国心理学家沙赫特和辛格所做的心理实验打破了这两种认知。

心理学家告诉所有参加实验的人,这个实验是要考察一种无毒副作用的新型维生素化合物对视力的影响效果。然后将参加者分为实验组和控制组。给控制组的参加者注射的是生理盐水,给实验组注射的是肾上腺素,肾上腺素容易使人产生心悸、颤抖、灼热、血压升高、呼吸加快等典型的生理唤醒特征。

心理学家又将实验组的参加者分为三个小组,对告知的一组说,他们所注射的药物会导致心悸、颤抖、兴奋等反应;对未被告知的一组说,药物是温和无刺激的;最后对误告知的一组说,药物会导致全身麻木、发痒和头痛。

最后,人为安排两个场景:"欣喜"情境与"愤怒"情境。所有实验组的参加者进入之后,实验证明,三个小组的实验参加者有一半进入"欣喜"情境,另一半进入"愤怒"情境。

未被告知和误告知的一组倾向于追随别人的情绪变得欣喜或愤怒,告知组能够正确解释自身的生理状态,可以安静等待,毫不理会外在情绪。控制组没有经受生理唤醒,也很安静。

由此可知,生理因素和环境因素都对情绪有影响,但均不能单独决定情绪的发生,事实上两者共同起作用。建立一个对人物和事件的合理认知是进行情绪管理的根本途径,也是形成快速、敏捷、科学的思考性评估反应的基础。我们需要在平日里多加训练,为自己的思维留出更多时间,让自己有机会有意识地防止对事情做出错误的判断。

勾勒一个美丽的情绪幻境

积极的想象对于消除负面情绪、减轻心理压力有着不可估量的作用，无数心理学实验都证明了精神想象的力量。如果人们通过想象恰当地唤醒真正的情感，并付诸行动，可以改变原来不愉快的心情和不良的行为习惯。例如，在与朋友将要出去旅游的时候，想象大家在一起的愉快场景；在考试将要来临的时候，想象自己答题时的自信与速度；想象未来的美好生活而后积极努力地为之奋斗，等等。

身体亚健康者通过想象勾勒自己一些健康生活场景，有利于消除他们对医生忠告的抵触心理，积极地采纳医生建议；患者可以通过运用主观意念进行积极的想象和思维，创造积极乐观的情绪以取代各种不良的情绪，提高身体内部的免疫力，从而以一种积极的心境抑制疾病的发生或恶化，战胜病魔，获得健康的身心。

运用"精神想象"的方式来调控情绪、治疗疾病，在国际国内的心理疗法中并不罕见，其中"想象意念法""想象放松法"两种方式比较流行。

1. 想象意念法

想象意念法的实施步骤分为五步：放松、入静、聚气、充盈、排浊，具体做法如下表所示。

步骤	具体方法
放松	闭上眼睛，用舌尖抵住上颚，从头到脚，循序渐进地放松全身的各部分关节和肌肉，使全身都处于放松的状态
入静	将注意力由外向内回收，使之不受外界的干扰和影响，做到大脑放松的真正入静
聚气	想象世界上拥有激活万物的"生命之气"，用意念的力量将这种"生命之气"聚合到自己的头顶上方
充盈	通过意念，想象这股气息通过头部的百会穴摄入自己的生命体内，并充盈着身体的每个角落，温暖身心
排浊	充满能量、光明和活力的生命之气贯入身体的每个角落之后，体内的污浊之气便难以容身，通过想象和意念，我们将这股浊气通过脚下的涌泉穴排泄出去

2. 想象放松法

想象放松法与想象意念法有一些不同，后者是通过全身心意念的力量为调控情绪服务，前者则是通过想象一些轻松愉悦的场景来调节情绪，且通常结合一些暗示、联想等方式使自己感到舒适和惬意。

在进行"想象放松法"之前，不妨准备一些现成的"想象图片库"，将自己认为能够引起自身愉悦情感的美好图片保存到一个相册里，比如自己曾经旅游过的地方的优美的风景图片、与亲人朋友在一起开心时刻的留念，等等。这样，翻开图片，你就能

▶ 掌控情绪

够回想起当初的点滴快乐，自己的情绪也会在不知不觉中好转。

想象放松法还有一个方式：冥想。通过想象自己身处某一个场景，达到自我放松的目的。例如，在炎热的夏日想象自己在幽静阴凉的小树林，你会感受到全身比想象之前凉爽许多；在压力颇大的工作环境中想象自己在迷人的海滩散步，吹着海风，或是想象自己在山中小屋休憩，这样放松有助于减轻自己的工作压力。

需要注意的是，进行"想象放松法"要使自己尽量放松下来，并尽可能地想象一个具体生动的场景，用五官去全面感受，方能达到最好的效果。

想象意念法和想象放松法都是为自我情感的重塑和情绪的调控而服务的，是"精神想象法"的重要组成部分。想象是引发情绪反应的途径之一，通过想象使自己受到鼓励，既能够获得自信，又可以安定情绪。因此，在现实生活中，不妨想象一些场景使自己情绪得到缓解，以减少负面情绪的影响，为自身的好情绪增加一些美好想象的色彩。

学会向别人倾诉

日常生活中，当遇到困难或者烦恼的时候，人们大多会选择寻找倾诉对象，倾诉自己的各种遭遇。当正确有效地倾诉之后，一般都会有一种一吐为快、如释重负的感觉。这就是所谓的"情绪社会分享"现象。

如果遭遇心理问题，合理宣泄很重要，适度的倾诉是保证情感健康和良好人际关系的有效方式。不过，凡事应有个度，整天逢人就倒自己的苦水，却完全不考虑对方的感受，就会成为朋友、同事眼中避之不及的"麻烦"。在心理学上有个叫"倾诉综合征"的名词，就是专门指这种有倾诉饥渴的人。

为什么有些人会爱上倾诉呢？有个"病患获益"的理论，说的是当生病或是遭遇困难时，人们会获得来自亲朋好友的照顾与安慰。比如孩子生病时，平时无论多忙碌的父母也会多抽些时间陪在孩子身边。有些孩子领悟了这一点后，为了让父母多陪自己，就会不停地"生病"。

同样，在倾诉这件事上也是如此。当倾诉者发现能换来家人朋友的同情关心时，就会迷恋上这种感觉，然后不停地倾诉。当然，这种人往往缺乏满足感。另外，国外专家发现伤心也可能上瘾。当亲人、爱人和朋友去世之后，人们总会感到伤心，有时甚至长期无法走出悲痛。神经学家指出，这其中的原因并不全是因为人类重情谊，还因为人脑会对这种伤心和悲痛"上瘾"。

想要警惕"倾诉综合征"，就必须要正确区分"正常倾诉"和"倾诉饥渴"之间的关系。

那么，什么是正常倾诉和倾诉饥渴？所谓的正常倾诉就是为了解决问题或是获取解决问题的办法而采取的行动；倾诉饥渴则是为了倾诉而倾诉，只是想发泄自己情绪的行动。其实，两者之间最主要的区别就是遇到困难和痛苦的时候，是立刻找人倾诉，还是选择先自己努力消化，如果自己不能解决时再找人倾诉。

▶ ✈ 掌控情绪

正常倾诉的人，获得了解决问题的办法，终于不再苦闷和烦恼，因而会非常放松；倾诉饥渴的人则是在不断地发泄中得到满足。其实要想充分发挥倾诉的功能，仅知道这些还远远不够，必须掌握倾诉的技巧。总的来说，倾诉技巧的核心原则是在合适的时机找到正确的对象，用正确的方法进行倾诉。

首先，找准倾诉时机。可能有很多人会问：倾诉还需要时机吗？当烦恼、痛苦，或心情不好、情绪低落时，就找人倾诉。其实，在什么时候找人倾诉是有一定的讲究的。合适的倾诉时机能够让你既能达到一吐为快的目的，还不致惹人厌烦。

什么时候才是最合适的时机呢？第一，要弄清楚是否有必要倾诉。只有确实需要向别人倾诉的时候才可以倾诉。第二，要弄清楚倾诉的目的。倾诉是为了宣泄还是想从中得到一些意见和建议。第三，要弄清楚自己是否有充足的心理准备。只有做好了直面自我灵魂的准备，才可以进行倾诉。

其次，找对倾诉对象。做好了充分的准备，确实需要倾诉了。那么接下来就是找什么人倾诉的问题了。一般来说，倾诉对象应该具有以下四点特征：一是能够提供意见和建议；二是能够分享自己的体验；三是对自己的遭遇比较关心和了解；四是能够安抚自己。大家平时习惯于找自己的亲朋好友倾诉，但是找什么样的亲朋好友也是要注意的。

一定不能找喜欢搬弄是非的人倾诉，也不能找一些对你不了解，对你的遭遇无动于衷的人倾诉。最好找关心体贴你的人，或诚实可靠的人来倾诉。当然了，最好是去找心理咨询师，因为他们不仅能够保守你的秘密，还能通过对你的分析，进行合理有效的疏导和安抚。

再次，找对倾诉场合。有些人愿意向别人倾诉情绪，却没有选好场合。

最后，找好倾诉方法。找亲朋好友进行倾诉的时候一定要注意以下几点：第一，要实事求是、客观地描述自己的情况，不要有所隐瞒和夸大；第二，语言要得体，言辞要适当。

不要太过情绪化和极端化，否则很有可能使倾诉走向反面，不仅达不到倾诉的目的，反而会产生负面效果。如果是找心理咨询师，一般不会产生这样的问题，专业人士会针对你的具体情况进行疏导的。

要想一吐为快必须得法，不能一味地不顾别人的感受，更不能任意宣泄自己的情绪，而患上"倾诉综合征"。在正常倾诉的基础上，选择恰当的倾诉时机，寻找合适的倾诉对象，使用正确的倾诉方法，让自己的情绪彻底释放。

用表情带动你的积极情绪

心理学家经过测定，认为人的脸部表情和情绪之间是有关联的。情绪活动可以引起人的面部表情的变化，面部表情的改变信号很快传输给大脑，大脑又可以帮助人们确定这种情绪体验。不仅情绪影响面部表情的变化，表情也能直接引发情绪的改变。

艾克曼教授在西苏门答腊岛上的米南卡包进行的实验也证明了这一点。他要求被试验者按照某些指令做出不同的表情，调查表明很多人都因此出现生理变化，而且大多数人都能感受到这种情绪。比如微笑，当人们做出微笑的表情时，大脑会产生喜悦的情绪变化。

保持一种自然的面部表情可以反映内心真实的情绪，刻意做出的表情会使人的自律神经系统发生改变，表情通过脸部肌肉的改变传递到大脑的感情中枢，大脑接收到表情信息后会分泌化学物质，而产生同表情一致的情绪感受，这些情绪感受传回大脑，又会加强脸部表情，形成循环。通过刻意做出的表情刺激大脑神经的表情中枢，来制造某种情绪，这种情绪虽然与自然情绪的产生动机不同，体验方式也不尽相同，但确实是一种有效的情绪产生方式。

但是有些人觉得用表情带动情绪很难，当情绪爆发的一瞬间，仿佛所有表情都很自然地与情绪配合，如果强制性地变化自己的表情，整个人会有一种被扭曲的感觉。这是因为你还没有试着让自己放松，先让自己的表情恢复到无表情，然后再慢慢做出能激发积极情绪的表情，就可以达到你想要的效果。

很多公司会要求员工保持微笑，这是招徕顾客的一种方式。员工不一定开心，但是他的微笑能够让见到的人都变得心情愉快。同时，他们嘴角上扬，通过别人对自己微笑的反应，可以想到很多快乐的事情。一个人可以长得不漂亮，但是必须拥有自信的微

倾诉的场合

什么样的场合做什么样的事，不同的关系也有不同的适宜场所，只有挑对了场合，才能让倾诉更加有效。

朋友间倾诉，一般在氛围较为轻松的茶馆、咖啡馆里，切忌在嘈杂的环境中，那样的环境往往会加重自己的负面情绪。

恋人一般在私密性比较好的场所倾诉，彼此可以没有拘束，也没有第三者的影响。

上下级之间的倾诉最好远离办公室这种场所，因为很容易带入工作情绪。

张经理，我跟你说……

所以，选对倾诉场合也非常重要，这一点要注意。

▶ ·· 掌控情绪

笑。如果一个人总是皱着眉头，心中自然充满悲苦，也给周围的人带来压力和不安。

　　实际上，人都有情绪的高低起伏，始终坚持快乐的情绪并不是一件容易的事情，以上方法只是希望我们在生活中不要陷入低落的情绪中而走不出来，运用这些方法的宗旨是为了积极调动身体里的快乐细胞，使之处于活跃状态，只有打开心灵的窗户，才能真正拥有快乐的情绪，从而为自己的行动奠定良好的基础。

第四章

——
情绪评价

摸清情绪的来源

对人对己，情绪归因有不同

掌握正确的情绪分析法并加以运用，是进行情绪分析、评估的前提和基础。在分析他人的情绪时，应当充分运用合理的情境归因法；在分析自己的情绪时，则可以运用合理的个人归因法。在具体分析的过程中，很可能需要将两者结合起来，这样可以防止错误的情绪分析。以下是情境归因法和个人归因法的具体内容：

1. 运用合理的情境归因法分析他人的情绪

在对他人的情绪进行分析时，一般人都会表现出一种普遍的偏见，高估人格特质的影响，而忽视了情境的作用。即使做出情境归因，也通常把情绪和行为的原因归结为外界环境中的某种东西，比如，个人性格本身不好、环境不好、素质差、机会少、任务艰巨，等等。这类情境归因虽然有一定的道理，却不甚合理。

我们应该站在别人的立场上，对这个人为什么产生这种情绪做合理的情境归因，这就需要表现出对别人的宽容大度和理解，这也将有助于良好人际关系的建立和巩固。丈夫回家晚了，作为妻子不应该一味地责怪他不顾家，而应该想到是否由于他工作太繁忙而回家晚。如果以体谅的心态来对待彼此，则双方都会心存感激。

中国古代有个情境归因法的经典例子，那就是关于鲍叔牙和管仲的故事。

鲍叔牙和管仲是好朋友，在做生意的时候，管仲出的资金少，而最后拿的分红多，鲍叔牙解释这是由于管仲家比较困难，更需要钱；管仲在战场上逃离，鲍叔牙解释这是因为他家有80岁老母需要照顾，不得不忍辱回家尽孝道。后来，管仲在鲍叔牙的举荐下成为了一代名相，两个人的友谊也成为千古流传的佳话。这正是由于鲍叔牙运用了合理的情境归因法，从管仲的角度去考虑，才既没有误失人才，又巩固了友谊。

2. 运用合理的个人归因法分析自身的情绪

辩证法指出，内因是事物发展变化的根本原因，外因只有通过内因才能起作用。这就是说，外界的所有因素对自身的影响必须经由自身才能反应，因此，自身才是情绪问题的根源所在。当出现情绪问题的时候，仅仅将原因归于他人或外界环境是不正确的。无论遇到什么情况，都应该首先从自己身上寻找原因，抱怨和推脱没有任何意义。

不过，从自身寻找原因中有一种情况是对个人的否定。有人在对自己的情绪进行分析的时候，会将行为和情绪的原因看作和自己的性格、态度、意图、能力和努力程度相关的问题，从而导致对自我的否定，正是这些有偏见的个人归因导致对自我分析之后陷入更为严重的情绪问题。比如有人觉得自己太笨了、太没出息了等，这些都是不合理的个人归因。遇到这种情况，我们应当运用灵活的原则去对待，在进行情绪分析的时候，多从内在的稳定因素归因，比如努力程度是否足够，少从不稳定因素归因，比如个人的能力等，克服个人归因偏差，这样才能够提高自己的信心。

内因和外因总是相互关联、相辅相成的两个因素，缺一不可。在情绪分析过程中，我们不但需要客观、实事求是，也需要将情境的外因和个人的内因结合起来综合运用。通过合理的归因法可以使问题者减少抱怨，培养他们的责任感和积极进取的精神，从而更有效地解决问题，达到情绪的良性循环。

将换位思考运用在情绪分析中

所谓同理心，就是站在对方立场上去进行的一种思考方式。通常我们有类似的经历：在面对同一件事情时，我们自身会表现出一种立场，当你设身处地地站在别人的立场上去思考的时候，便能够深切地感受到对方的情绪状态，于是在沉浸于情境的感悟中能够做到对他人理解、关心和支持。心理认同是同理心的重要内容，这就是同理心所揭示的一个道理。

常常有人说："你怎么那么说话呀，真是饱汉不知饿汉饥。"事实上，吃饱的人从自己的立场出发看待问题并没有错，他是真的不知道饥饿的痛苦滋味，正是由于他没有从饥饿的人的角度思考问题，才引起了对方的怨气。

在现实生活中，面对诸多矛盾和问题，很多人会对他人产生愤怒情绪。他们认为将责任推卸给别人是解决问题最简便的一种方式。殊不知，面对自身所遇到的情绪问题，采用如此的态度和行为，恰恰使当事人陷入不良的情绪循环。当他们认为别人不欣赏自己、愚弄了自己的时候，便会产生避免使自己成为受害者的心理，而愈加对别人产生愤恨。在迁怒于别人的过程中，他们会为自己可能遭受的报复感到恐慌，从而更加固执地认为对方很鄙视他们，如此往复循环，恶性的心理情绪最终导致个人的心理疲惫与情绪失控。

在心理学中，这种现象又被称为"反射—惯性"，当事人的行为起初是一种条件反射，这让自己对过错感到心安理得，于是他们继续这种行为，不断强化对他人误解的惯性。假如对方真的与之相对抗，便有可能使两者都陷入情绪的恶化中，谁都下不了台。

利用换位思考体验他人情绪

作为人际交往中维护正常关系的一种手段，换位思考具有极为重要的作用。

如果我是你……

首先，换位思考是理解别人情绪的前提，因此，在与人交往时，我们首先要有同理心，即"若是换作我，我会怎么办"。

其次，要体会别人的处境。即学会体验对方的生活，深入别人生活和学习的地方，通过亲身感受来提高换位思考的能力。

你这是在干什么啊？

小熊口渴了，我给它喝点水。

最后，通过多沟通，聆听对方内心的真实想法。只有这样，我们才能正确理解对方的行为。

情绪问题几乎都产生于人际交往的过程中，这就关系到心理认同这条基本的人际关系法则。要想走出"反射—惯性"这一怪圈，培养并加强同理心势在必行。

行动对人的影响与个人的切身体验密不可分，有人在心理认同方面做得不到位，于是与别人的相处总表现得冷冰冰；有人热心为别人着想，同理心法则运用得好，则拥有温暖的友谊和良好的人际关系。因此，学会替别人着想，多站在别人的立场上去考虑，而不要以恶意去揣度别人，这有助于我们工作、生活的各个方面取得良好的效果。

商场为了留住一线品牌，提高自己的利润，通常会在季末的时候，给营业额排名前十位的供货代理商予以返利。不过返利的比例每年都有所不同，但始终在 14% 的上限和 8% 的下限间浮动，且以商场副总以上的领导签字的最终返利协议为准。

这一年，商场的财务处人员高飞根据负责服装部的张总上半年签的协议，按照 11.8% 的返利与女装部的第一名结账。然而，结账之后，张总将高飞叫到办公室，训斥其给的返利比例过高。高飞没有当场反驳，他知道，空口无凭。

出了办公室，高飞赶紧与对方联系，说明情况，并寻求协议的底本，对方火速派人将张总上半年亲笔签的协议找出，张总看到后，有些不好意思。事后，他夸奖高飞细心、办事稳妥。代理商由于此事获利丰厚，也十分感激高飞在其中的斡旋。

假如高飞在领导震怒之后，只是猜测领导这样做是否是在给自己穿小鞋，或是回想自己是否得罪过领导，或者充满怨气地想这是领导失职却把气撒在自己的身上，而不去解决问题，自然就对领导产生怨言，久而久之，工作也不再积极努力了。但高飞没有这么做，他积极地去解决问题，因为他运用了同理心法则来应对与领导的交流，毕竟商场的利润是大家所关心的，领导因为返利比例高而生气也是为了商场着想，商场利润提高了，员工的福利自然水涨船高。如此去想，高飞岂有不积极解决问题之由？

同理心法则是心理学中的一条重要法则，作为情绪调控的一种能力和技巧，它体现了人际交往和为人处世的生活智慧和人生哲理。倘若我们在人际交往中加以运用，将心比心地去认识问题、分析问题和解决问题，必然可以收获良好的人际关系和豁达的心态，促进现代社会的和谐发展。

运用辩证法策略改善情绪

事物本身有好坏之分，然而我们对待事物的情绪往往取决于注意力的所在点，当你关注好的一面时，会感到欢欣鼓舞；面对坏的一面时当然会沮丧失望。世界潜能开发大师安东尼·罗宾认为，人们对事实的认知会受注意力的影响，应当控制好自己的注意力，否则很容易被它戏弄。注意力是看待事物的焦点所在，也是情绪生成的先决条件，要想有效调控情绪，便需要控制注意力，辩证地看待事物的各个方面。

我们所经历的各种情绪和各种事情都可以从多个方面来分析，评析过程中，尤其要注意运用辩证法，这样可以使情绪评析人对情绪的形成、发展及结果洞悉得更加全面、客观、理性，从而加快解决情绪事件，并促进形成良好的心态。倘若观察不全面，则会容易使情绪陷入极端和偏激，不利于情绪调控。

一个身有残疾的美国人，家中遭遇了小偷，损失了一些财物。一位朋友写信来安慰他，他回信说："谢谢你的来信，但其实我现在心中很平静，因为：第一，窃贼只偷去我的东西，并没有伤害我的生命；第二，窃贼只偷走部分财物，所幸并非我所有财产；第三，还好是别人来偷我的，而不是我做贼去行窃。"

就是这样的乐观态度，使这位残障人士遇到任何事情，都能用积极的态度来应对，进而在日后缔造出了不凡的事业。他就是美国第三十二任总统——罗斯福。

家中失窃原本是件令人恼怒的事情，但在罗斯福看来，东西既然已经丢了，生气也找不回来。与其让愤怒控制自己，不如放宽心态从不幸中发现幸运。即使被大多数人视为不幸之事的被盗，也阻挡不了他继续追寻快乐的脚步。由此可以看出，情绪好坏与否，关键在于我们在看待一件事情时用什么样的思维方式和心态。如果辩证地去看待被盗这件事，它也可以有正面和负面两种影响。

▶ ◄ 掌控情绪

辩证地看待他人

首先，不要以个人好恶来评价一个人。比如，同样是别人的一句话，当你对说话人感到厌恶时，你会认为这是一句不安好心的坏话。当你对说话人有好感时，你会认为这是他对你的肺腑之言。

其次，要知道每个人的关注点是不一样的。"情人眼里出西施"，与此也大致类似，究其原因是我们的注意力集中点不同。

最后，评价一个人时，我们不应当仅仅发现他的缺点，还应当看到其优点，比如当你与身边的人发生口角时，回想他的优点和过去与他相处的愉快经历，情绪就会有所平复。

宇宙间的每个事物都是独一无二的，都有自己特殊的规律和特性，杨树不能叫作松树，苹果不能称为梨子，甚至世界上没有完全相同的两片叶子，从这一方面来看，"非此即彼"是成立的。然而，世界万事万物处于普遍联系之中，每个具体事物都同若干个具体事物相联系。"亦此亦彼"的可能性存在于多种现象，鱼和两栖动物之间的界线是不固定的，脊椎动物和无脊椎动物之间的界线也渐渐模糊，鸟和爬行动物之间的界线正日益消失……没有完全相异的两种事物，而且，事物之间还存在相互转化的规律，正如老子所说："祸兮福之所倚，福兮祸之所伏。"辩证法不鼓励找到逻辑上的绝对真理，而是要求在处世时遵循客观世界的发展规律，做到"非此即彼"和"亦此亦彼"的辩证统一。

　　在情绪评析和调控的过程中，辩证思维所揭示的事物具有两面性的特征证明了中庸之道——"允执其中"的必要性和可能性，情绪的评析应注意保持各方面在动态中的均衡，情绪的调控需要我们及时地转移注意力，在身处顺境的时候提醒自己冷静理智，要有危机意识；在身处逆境的时候，要积极乐观，看到光明所在，由此可以实现自己情绪的平静顺畅。

　　在情绪评价的时候，将注意力放在积极和消极两个方面，并多关注积极的方面，用"非此即彼"与"亦此亦彼"相结合的辩证思维来思考，这将有助于我们达到"允执其中"的状态，保持自我心理上的平衡。

　　　　　　　　▶ 掌控情绪

消除因偏见产生的情绪问题

　　心理学家曾做过一个实验，主题为"我们大脑中的先验假设能够对我们的日常推理造成多大的影响"。实验中，他召集一些人，将他们带到一间办公室并告诉他们在此等待参加一项学术研究计划。过了一段时间叫他们出来，询问是否记得办公室里有哪些东西。许多人表示并没有注意，但当让他们进行选择的时候，无一例外都选择了"书"。其实办公室里根本没有书，他们并没有将注意力集中在办公室的物品上，只是想当然地以为既然是办公室就肯定有书——这就是生活经验积累的心理定式。

　　当被研究者没有刻意留意时，认为学术研究机构的办公室当然有书——这是依据经验和固定常识的必然推理。依靠之前生活积累的先验假设经验进行推理，往往会形成心理定式。所谓心理定式指的是一个人在一定的时间内所形成的一种具有一定倾向性的心理趋势。即一个人在其先验假设或过去已有经验的影响下，心理上通常处于一种准备的状态，从而使其认识问题、解决问题带有一定的倾向性与专注性。这其实是一种个人经验所形成的偏见。

　　偏见的存在对于问题的产生和解决都有很大的负面影响，并且很多偏见会将我们的情绪引向不好的方面。

　　通常的偏见分为以下几类。

类型	
证实偏见	按自己的思路去寻找那些能证明他们的理论或判断的信息，而非去反驳自我判断
后见偏见	觉得过去的事情的结果正如他们原来所期望的一样
聚集性幻觉	感觉到实际上不存在的规律
近因效应	先后提供的两种信息，近期信息往往占优势
定锚偏见	最初的信息引导而形成的最初的信念，在人们做判断或评析问题的时候占据极大比重，无法融合新信息
过度自信偏见	以个人意愿为主，无视客观规律，盲目行动，拒绝改变

其中，用自身的经验贴标签、下评判，是造成各类偏见产生的主要原因。标签一旦形成，就会像习惯一样，比较顽固，而且很多人还没有意识到自己有贴标签这种行为。现实生活中，由于偏见、心理定式的思维、自以为是，产生了许多误解和矛盾。

张明与女朋友相恋了很多年，打算在今年结婚。然而就在结婚前夕，双方家长的意见出现了小小的分歧。

由于张明家庭条件一般，他跟岳父商量是否可以一切从简。岳父坚持按照当地的风俗，结婚要有三金（金项链、金戒指、金耳环），还要给一万元彩礼钱，不同意一切从简的提议。

后来经过东凑西借，张明终于把东西买齐了，不过心里也很恼怒，认为妻子的家人太不体谅自己。婚礼当天，岳父送给夫妻两人一个红包。想到自己父母的忙碌和操劳，对岳父不满的张明认为这是假惺惺，因奔波婚礼而累积的忙碌与疲惫化为怒气在这一瞬间爆发，他于是将红包扔在地上，不愿接受。后来在大家的安抚下，他才将红包捡起来。

待到婚礼结束，张明送完客人后打开红包，顿时羞愧难当：岳父给他的是一个10万元的存折。原来，岳父不是想从男方家捞钱，只是想让女儿按照当地的风俗嫁得风光些，让张明珍惜并善待自己的女儿。

偏见常常是由于运用心理定式判断和分析对象产生的，当人们对自己所推断的唯一可能性过分信任时，便会忽视存在的多种可能性，从而对事物或事件造成不公平的评价。

故事中的张明不但没有理解岳父的良苦用心，反而判定岳父给红包是"假惺惺"，很小的情绪酿成大矛盾，这种结果被称为"晕轮效应"（也称"光环效应"），这种效应犹如大风前的月晕逐步扩散，渐渐形成一个更大的光环。在认知方面，表现在人们的认识与判断只是从局部或表象出发，按照自己的理解去得出整体印象，形成认知偏差。

尽管偏见很难完全消除，但通过以上几点的学习，至少可以减少它的发生。凡事不要受已有的框架与既有的判断的限制，应当培养发散思维，学会变通，从多个角度看待问题。只有以事实说话，偏见才会无所遁形。

掌控情绪

第五章 状态不好时换件事做

——情绪转移

给自己换件事情做

不良情绪犹如飘浮在心头的乌云，不仅遮住了太阳，还让人觉得压抑、苦闷。如何才能令乌云消散、阳光普照呢？如果我们停下手中所做的事情，转而去做另外一件事，那么我们可能从负面情绪中解脱出来。

人的生活体验由五个层面构成，分别是环境状况、行为、情绪、思维和生理反应。其中思维、情绪、行为和生理反应之间联系紧密，它们作为一个交互的系统共同发生作用。当受到外界环境状况变化的影响时，人的思维、情绪、行为和生理反应都会产生对应的反应，它们在独立反应的同时，每个部分的反应又同时影响着其他的部分。也就是说，在思维、情绪、行为和生理反应这个系统中，

▶ ◂ 掌控情绪

只要一个发生改变，其他的也会随之改变。

　　这就是我们上面所说方法的一个理论依据。那么，我们该如何做呢？你可能觉得很简单，不过就是转身去做另外一件事。但是，去做什么和怎么做都是有科学依据的。

　　我们都有这样的经验，相同的活动会产生大致相同的情绪，不同的活动会产生不同的情绪。例如，运动比赛或是演唱会会让人热血沸腾、心情激动；观看自然风光、欣赏古典音乐会让人心情愉快、放松；阅读、写作会让人心情沉静，思维清晰。

　　小霞和婷婷是高中同学，在高考中由于发挥失常，二人均落榜。她们都陷入了情绪的低谷，不愿出门，不愿与人交流，特别是看到身边的同学陆续接到录取通知书的时候，就变得更加沉默了。

　　婷婷一直在这种阴影中不能自拔，非常自卑，复读的过程中心理压力很大，复习效率一直不高，第二年高考再次落榜。小霞复读之前在家人的鼓励下出门旅游，静谧的森林湖泊令她深深迷醉，大漠孤烟、碧海蓝天带走了她全部的忧郁。小霞的情绪很快恢复平静，意识到高考失利不过是人生的一个小挫折，她带着开阔饱满的心态开始复读，第二年如愿进入了自己理想的学校。

　　上例中的小霞在调节自己高考落榜的时候用旅游来转移自己的注意力，这是一个很好的方法。转移注意力的具体方法还有很多，可根据自己的心理和条件，采取不同的措施。例如练习琴棋书画就具有很好的移情易性、平复情绪的作用。

还有一点要注意，发觉自己陷入情绪低潮时，要主动及时地进行情绪转移。人生短暂，不要放任自己在消极情绪中沉溺。理智判断后，立刻行动起来，完全可以掌控情绪。

换做另一件事情调节自身情绪时，选择的新活动要能迅速调动自身的积极情绪。从这个角度来说，运动是一个不错的选择。运动时身体会产生新的感受，有效地分散注意力，因而能很好地改善不良情绪。当自己陷入郁闷、痛苦时，可以把注意力转移开，从事诸如打球、跑步、爬山等快速运动或者太极、瑜伽等慢速运动，这些都可以有效地缓解不良情绪。做些日常家务如做饭、洗衣等，也可以达到这个效果。

思维不能钻死胡同

当我们陷入不良情绪时，要想办法将思维焦点从引起不良情绪反应的事物上转移到其他事物、其他活动中去。当新的思维占据大脑，不良情绪体验就会减弱甚至消失，也就是说我们不会在一条死胡同里徘徊。这种方法在生活中的应用极为广泛，简单易行，用得适当能够有效缓解不良情绪，释放心理压力。

不良情绪产生后，如果我们仍旧将思维焦点集中在产生不良情绪的事情上，不良情绪就会不断累积。带小孩打针的家长都有过类似的经历。

华先生有一个3岁的儿子，每次去儿童医院他都暗暗希望能遇到那位李护士长。李护士长和蔼可亲，很会哄逗小孩。华先生的儿子很怕打针，每次都又哭又闹不肯配合，但是，有李护士长在就会很顺利。李护士长总是备有几个小孩子喜欢的玩具，一边跟孩子说着笑话，问他幼儿园的情况，例如，喜欢的课程或者喜欢的卡通人物，一边在孩子放松下来的时候迅速注射，往往是在小孩子意识到疼，开始哭的时候打针已经结束了，这让华先生省了不少心。

但也不是每个打针的护士都这样，其他年轻护士面对小朋友总有些束手无策，当小朋友怯生生地问疼不疼的时候，她们会说打针哪有不疼的。因此，小朋友多数不配合打针，注射室里往往哭喊声一片。

同样都是给孩子打针，不同的方法会带来不同的结果。李护士长巧妙地利用思维焦点转移法，缓解了孩子的紧张情绪与心理压力。其他护士实话实说，则会产生消极的暗示，进一步加剧孩子的恐惧心理和紧张情绪。

这种方法很实用也很常见，当情绪不佳时，可以用吟诗、提问、数颜色等方式来摆脱不良情绪，或是去做自己喜欢的事情。以下列举几种具体方法：

1. 吟诗法

心理学家曾做实验证明，人在吟诵诗歌的时候会不自觉地对

换一个环境，换一种思维

我们常说出去玩一下散散心，实际上就是通过换环境来调节自己的情绪。

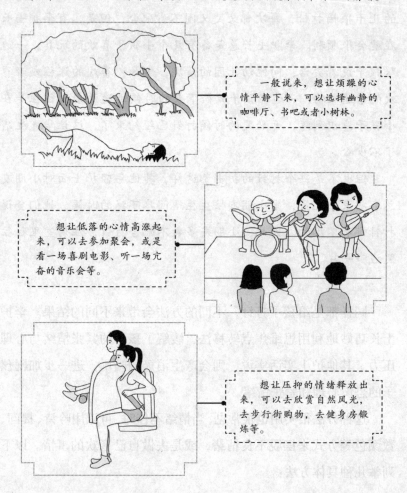

一般说来，想让烦躁的心情平静下来，可以选择幽静的咖啡厅、书吧或者小树林。

想让低落的心情高涨起来，可以去参加聚会，或是看一场喜剧电影、听一场亢奋的音乐会等。

想让压抑的情绪释放出来，可以去欣赏自然风光，去步行街购物，去健身房锻炼等。

合理地选择适当的环境，能更轻易地走出情绪困扰，收到"移情易性"的效果，通过环境的转变来改善不良情绪。

▶ ◀ 掌控情绪

诗歌内容进行联想。这时，积极、健康的诗歌能够有效转移吟诵者的注意力与情绪，以达到平静心神的目的，有些还能让人忘记疼痛。据说在意大利，不少药店都会出售由心理学家及文学家共同设计选编的诗歌，颇受消费者喜爱。

2. 提问法

当人们提出问题的时候，大脑便会有意识地寻找答案。这时，寻找什么，就会开始思考什么，继而就会得到什么。如果问题是"这件事怎么会那么好"，那么，注意力便会开始寻找有利的理由；如果问题是"这件事为什么那么糟糕"，那么，不论这件事本身是否很糟糕，最后一定会找出很多不好的理由。同样是一句话，差别却如此之大，根本原因就是不同的注意力有不同的导向。因此，通过改变注意力来改变情绪是一个行之有效的办法，而且注意力的改变可以通过提问的方法进行。

3. 数颜色法

数颜色法其实是一种转移与调节情绪的方法，由美国心理学家费尔德提出。当人陷入某种不良情绪，如对他人或某件事不满而想要发脾气时，可以尽快地停下正在从事的活动，去一个相对安静、偏僻的地方，环顾四周的景物，用"那是一个……"的语句开始描述。例如，那是一片白色的云、那是一棵绿色的树、那是一朵红色的小花、那是一张棕色的凳子，等等，数大约半分钟。通过数颜色，可以暂时将注意力从引发不良情绪的事件中解脱出来。

4. 转移兴趣法

每个人都有自己喜欢的、能令自己放松的事情，如逛街、看电影、读书、弹琴、练习书法、打球、跑步、游泳、登山、旅游、唱卡拉OK、与朋友聚会，等等。这些都可以让自己的情绪平静下来，放松心情，找到新的快乐。陷入不良情绪时可以使用此方法，在远离不良刺激源的同时，参与自己感兴趣的活动，增进积极的情绪体验，从而摆脱情绪困境。

通过以上几种途径转移思维焦点，可以避免长时间专注于糟糕的事情而钻入思维与情绪的牛角尖，避免陷入思维沉迷与情绪紊乱状态，从而阻断对原来痛苦的情绪经历的体验。

疲惫时，和工作暂时告别

如果用一个字来形容现在的生活，你会选择哪个？大部分人选择了"忙"和"累"。社会发展的脚步越来越快，竞争也越来越激烈，这让很多人情绪负荷超标。当我们遇到这种情况时应该怎么办呢？小孩子会很干脆地回答"休息啊"，这时家长就会在一旁苦笑：休息，谁来赚钱？没有钱吃什么、喝什么？但是仔细想想，孩子的话并没有错，累了当然要休息。

从前在浩渺的大西洋中有一座小岛，小岛不大，但是差不多位于大洋中心。这个小岛是很多候鸟迁移时的中转站，是候鸟们疲倦时休息的落脚点。在这里，它们稍稍休息，摆脱旅途中的疲惫，积蓄力量重新踏上征途。

鸟儿们寻找的是一个可以释放自己疲惫的"安全岛"，当你情绪负荷过重的时候，你找过自己的"安全岛"吗？环视一下，大家下班愈来愈晚，回家愈来愈晚，不停地加班加点，不但身体上受不了，情绪也很低落。夜深了终于可以好好休息一下，但是天亮以后又要开始循环，周而复始。

大家都知道，现在电脑是我们最亲密的伙伴，有的人跟电脑在一起的时间比跟恋人在一起的时间还长。可曾想过电脑也很累，早上开机开始工作，午饭时还要担任联络员，下午继续工作，晚上遇到加班还要奋战，就这样白天黑夜超负荷运转，没有休息的时间。但是它一旦死机，恐怕就得更新换代了。机器尚且这样，更何况人的血肉之躯呢？

俗话说："不会休息的人就不会工作。"每天不知疲倦地工作，效率并不一定高；长期下去疲惫的心灵和身体反而可能拖累了你，身体素质下降，生活质量也会随之下降。

学会从繁忙的工作中抽身，也就大大减小了情绪疾病产生的可能性。有的时候，休息和工作之间并不矛盾，懂得休息，才能以更加饱满的精神面对工作，你的工作效率才会高。

适当想想生活不如你的人

生活中的快乐俯仰皆是，但想要拥有，首先需要平和自己的心境，然后擦亮眼睛寻找。一位伟人曾说："如果你下定决心寻找幸福，内心会充满了幸福的感觉。"当你嫌弃食堂做的饭菜难吃时，远在非洲的难民还在东躲西藏、食不果腹；当你埋怨房子不够宽敞明亮时，农民工还在工地狭窄拥挤的帐篷里酣睡。

我们获得一些快乐的情绪，往往都是在这种比较中实现的。

赵燕在一家外贸公司工作，近几年公司一直不太景气，就实行了裁员政策，赵燕名列其中。年纪轻轻就丢了工作，赵燕感到非常惭愧，为此她变得郁郁寡欢。老婆压力太大，老公看在眼里急在心上，就建议赵燕去自己公司做打字员。赵燕知道后很恼怒，说自己堂堂名牌大学毕业生怎么能做一个打字员。

一天，赵燕去买报纸发现小区门口多了一个水果摊，摊子很小，上面整整齐齐地码着红苹果、黄橘子和香蕉，让人一看就想买。赵燕也被吸引住了，抬头时发现老板娘整齐利落的着装，再看看自己现在邋遢的穿着，不好意思地笑了。老板娘是个容易相处的人，有一搭没一搭地跟赵燕聊了起来。

一来二往，赵燕了解到老板娘以前是一个公司的主任，工厂倒闭后她就开始卖水果了。赵燕就问老板娘："你不觉得委屈吗？"谁知老板娘却笑道："委屈啥啊？好多人还不如我呢！"

赵燕的心一下敞亮了许多，跟老板娘比起来自己已经很幸运了，为什么还闷闷不乐呢？于是回家穿上自己最好看的衣服，去老公的公司应聘了。

赵燕重拾自信，源于她看到了卖水果的老板娘的不幸，觉得自己的境况不是最坏的。没遇到卖水果的老板娘以前，她不高兴，她跟自己的过去做了不恰当的比较。生活中不可能事事如意，要心胸豁达，把小麻烦、小挫折当作平静生活中的一点小波澜。

比较是一种寻觅正面情绪的方式，但是拿自己的短处跟别人的长处比较就不恰当了。比较有一个度，学会正确比较才能找到幸福的金钥匙。打蛇打七寸，比较也要注意几个问题。

1. 切莫以他人之长攻己之短

上帝在造人的时候非常公平，为你关闭一扇门的同时也会为你打开一扇窗。通过窗户看世界，世界就变得色彩斑斓了。窗户和门都是一种优势，切不可盲目地把两者进行比较。

每个人有自己的风格和特色，羡慕别人有一双美丽的大眼睛的时候，不要忘记自己也有令人羡慕的苗条身材。看不到自己的长处，在情商上是不及格的。

找一张纸，认真仔细地把自己的优势和劣势列一个清单，扬长避短会让你更有自信。

2. 观全局方显英雄本色

下棋的时候，一定要深思熟虑，从全局出发才能打败对手。

正确的比较虽不像下棋那般直观，但也需要全面地看问题。

比如，每个人都羡慕影视明星们漂亮的服饰、华丽的生活、舞台上优雅的举止、领奖台上闪闪发光的奖杯。你可曾想过，这些光鲜的背后他们淌了多少汗，流了多少泪？

女星们为了保持苗条的身材，每天吃饭定时定量，她们也羡慕你吃饭时的大快朵颐；她们时时处处注意自己的形象，甚至没有自己的私生活，因为人们都在关注她们，稍有不慎就会遭到记者、群众的质疑、批评，你允许你的生活这样被别人肆意评论吗？了解了别人成功路上的点点滴滴时，你的内心就会平衡了。

3. 可以比较，但不可嘲笑他人

与比自己水平低的人比较的确可以帮助我们的负面情绪得到释放，但是如果比较过了头，我们不但会产生自满的情绪，还可能会说出伤害他人的话，或做出让他人难堪的事情。

所以，我们一定要把握好比较这个度，千万不能过了头，只要达到让自己情绪稳定的效果就行。

需要注意的是，偶尔想想不如我们的人，只是调节情绪的一个方法，千万不能当成不思进取的借口。

第六章 ∧∧

消极情绪的积极评估

——情绪转化

发掘负面情绪的价值

每个人都会遇到令自己沮丧的事情，从失意中挖掘快乐，这是人们对待负面情绪的最有效的方法。即使是让人沮丧的事情，其中也有闪光点，正如我们很多人喜欢喝的咖啡一样，虽然苦涩，但是苦涩中带有一点点的甘甜，让人久久回味。看似枯燥苦涩的生活中总是隐含着快乐。快乐和痛苦总是相互转化的，面对困境，如果能换个角度看问题，就会发现别有洞天。

咨询人："上个月女朋友和我分手了，我感到极度自卑，为什么没有女孩愿意跟我在一起？我一直不能从这个阴影中走出来，觉得自己已经到了绝望的边缘。"

▶·‧掌控情绪

咨询师："这确实是一件令人伤心的事，但你有没有想过单身的好处呢？"

咨询人："好处？到目前为止还没有发现。"

咨询师："你正好有了自己独处的时间，抛开那个女孩离开你的原因，但她的离开至少证明了一点，就是你们不合适，所谓强扭的瓜不甜就是这个道理。没有女朋友会有很多自由，你可以有大把的时间用于工作，为自己充电。在异性眼中，认真工作的人最具魅力。你还可以毫无顾忌地和朋友聚会，挽回曾经冷落的友情，为父母多尽一点孝心，或者从事一些公益活动来分散自己的精力，总之只要尽量让自己变得热情、值得信赖，你就会吸引到更值得你去珍惜呵护的女孩。"

失恋本身是件很糟糕的事，但是在咨询师的开导下，似乎失恋也很不错，还能带来不少机遇。深层挖掘事件的积极意义是人们对待负面情绪的三种态度之一，又叫积极应对型。

另外还有两种态度，分别是压抑型和放任型。

积极应对型，在出现负面情绪时，首先承认其产生的合理性，坦然接受它。然后冷静分析情况，寻找问题产生的原因，对症下药，找到关键所在，运用心理学知识进一步将负面情绪转化为积极情绪。

压抑型，顾名思义，习惯把不良情绪隐藏起来。其原因有二：一是认为一个理性、成熟的人不会也不应该产生负面情绪，所以就极力压制，似乎这样才能塑造理性成熟的形象；二是面对负面情绪时感到恐惧，担心任其发展下去，情况会非常糟糕，一发不可收拾，甚至产生无法预测的后果，因而努力地压抑，装作什么事都没有发生。但是，没有表现出来的情绪，并不表示不存在，被压制的情绪依旧会对自身的心理造成伤害。

放任型，与压抑型相反，当负面情绪产生时，不加以任何引导控制，任由其发展。放任的情绪会牵制自身的思想、感受和行为，对自身的心理状态和人际关系造成负面影响。更严重的是因一时冲动造成生命、财产的损失，追悔莫及。

比较之后可以发现，深层挖掘事件的积极意义是面对负面情绪最有效，也是最理智的方法。其实，人之所以会陷入负面情绪中，是因为在面对困境时，只看到了其负面意义，也就是将所有的精力都集中在苦涩的现实上。随着这些思想的膨胀，人也渐渐感到窒息。这时只要让自己的视线转移，就会发现绝望中有希望的身影，苦涩中也有甘甜的滋味，如此这般，便会收获完全不同的结果。

它阐述了这样一种理念，即负面情绪其实是一种具有很高能量的激情，或者说是情绪资源。如果能正确地认识它们，并加以有效地引导和利用，转化成正面情绪，会带来强大的积极效果。

通过下面这个表格，我们能获取一些具体方法。

▶◀ 掌控情绪

最初的想法	挖掘事件的积极意义
这件事难度太大了，我不可能完成	这件事难度太大了，但我可以完成，因为……
这个客户问题很多，我简直应付不了	这个客户问题很多，但我应付得了，因为……
这个考试时间非常紧，我不可能通过	这个考试时间非常紧，但我有可能通过，因为……
面试官太刁难了，我发挥得不好	面试官太刁难了，但我发挥得很好，因为……
这次竞争很激烈，我几乎没有胜算	这次竞争很激烈，但我很有信心，因为……

左边是大多数人都会面对的心理困境，右边则是运用我们所说的积极的方法对各种问题进行的相应的心理暗示，改后的句子虽然客观条件没有发生任何变化，但原有的负面情绪会大大减弱，希望之光在字里行间若隐若现。

换个角度看问题

我们所处的这个世界时刻都在发生着变化。成功与失败，真理与谬论不再一成不变；积极与消极，时尚与落伍也不再界限清晰；有序与无序，公正与邪恶在不同环境中不再有绝对的标准，这是一个变通的世界。这些都要求我们抛弃绝对的、一成不变的认识习惯，转而运用非僵化的、非绝对的、变通的思维来认识与面对这个世界。

这种思维方式被称为"合理变通"。它是一种重要的心理调适方法，主张由个体通过完成对外部信息接收的角度和强度的转换，或对原有心理认知进行重组、升华之后予以整合，从而达到外部刺激与心理认知互为进退、协调统一的目的。通俗地说，一个人的情绪和心理状态就如一根弹簧，有伸有缩，如果外界刺激过强，弹簧绷得太紧，就会因为失去弹力而陷入危险的境地，这时就需要有针对地调整心态，让弹簧收缩到正常的范围内，及时释放心理空间，以避免心理矛盾冲突激化所造成的不良情绪。

合理变通有以下几种主要方式。

1. 升华法

人的心理问题长期不能解决，往往与其消极心理认知有关。如何克服消极心理认知，有效的方法是进行心理位移。用一种全新的、积极的、为更多人所接受并认可的心理认知代替旧有的心理认知，这就是心理升华法。认识其中蕴含的积极因素，作为个人拼搏奋斗、积极面对现实的动力和契机。

2. 回避法

外部环境、行为、心理反应、情绪、思维是一个互相影响的系统，通过改变来自外界的环境刺激可以有效地影响自身情绪。

▶ ◂ ✦ 掌控情绪 🐒

补偿作用

补偿作用即目标实现受挫时，通过更替原来的行动目标，求得长远价值目标的一种心理调适方式。补偿作用有两种：

一种补偿是用一个新的目标来代替原来失败的目标，即当上帝关上一扇门时，一定会为你打开一扇窗。

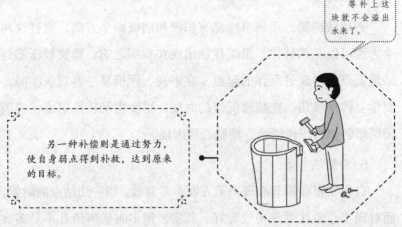

另一种补偿则是通过努力，使自身弱点得到补救，达到原来的目标。

这里的回避是指尽可能避开导致心理困境的外部刺激。除了转换外部环境，还可以转换注意力，通过主观努力来影响情绪。比如，停下正在从事的活动，转而进行一项需要全身心投入的球类运动来实现大脑中兴奋中心的转移。注意力转移是非常简单易行的主观回避法。

3. 幽默法

所谓剑走偏锋，出奇制胜，很多时候，艰涩、严谨的理论知识不能解决的矛盾，运用自嘲、嬉笑等幽默法却可以迅速地化解。如在电影《当幸福来敲门》中，男主角克里斯·加德纳穿着刷漆时的工作服参加面试，面试官尽管很满意但仍旧抛给他一个问题："如果我雇用了一个没有穿着衬衫走进来的人，你会怎么说？"克里斯的回答堪称经典："他一定穿了一条很考究的裤子。"适时适度的幽默有时是摆脱困境的法宝。

4. 转视法

必须认识到，任何事物都有积极和消极两个方面，而且这两个方面可以互相转化。黑暗往往出现在黎明之前，弹簧被压缩到的最低点通常就是反弹的起点。在审视、评价某一客观现实时，要学会转换视角。在情绪低落的时候，更要主动转换思维，使消极情绪转化为积极情绪，摆脱心理困境。

5. 自慰法

自我安慰在调节心理平衡方面非常有效。当一切结束的时候，面对现实总是比垂头丧气要好。其实，很多时候事情并不是多么

掌控情绪

糟糕，尽量少用"为什么"式的反问语句，转而使用"还好我不是……"开头的陈述句，情绪的转变就在一念之间。理性的自我安慰可以化解不少心理障碍，如同《伊索寓言》中那只没有吃到葡萄只吃到柠檬的聪明狐狸，它说"葡萄是酸的，但柠檬是甜的"。

6. 补偿法

人生不如意十之八九，不是所有的目标都能完成，当走不下去的时候，就是该转弯的时候。我们总是会因为一些内在或外在的障碍导致最佳目标动机受挫，继而引发不良情绪。这时需要采取各种方法来进行弥补，用以减轻、消除心理困扰。这在心理学上称为补偿作用。

当遭遇不幸时，可以试着这样想：不幸能使我们调转方向，看到世界的另一处风景；而顺利只能让我们领略到一处风景。

ACT 疗法助你接受现实

关于解脱心理困境，曾出现过两波浪潮，分别是第一波的"行为疗法"和第二波的"认知疗法"。这里要介绍的是目前风靡全球的第三波"接受与实现疗法"（Acceptance and Commitment Therapy，简称 ACT 疗法）。

这种新疗法不同于以往，在面对不良情绪与心理困境时它不再强调回避和遗忘，而是主张拥抱痛苦，树立一个信念——"幸福不是人生的常态"，然后在接受现实的基础上建立和实现自己的价值观。接受与实现疗法的主要观点是：当人们竭力想控制自己的思维的时候，就很难去考虑生命中真正的大事。这里所指的"大事"就是个体的价值存在，包括为什么存在和存在的意义。

接受与实现疗法的理论认为，过多地关注负面情绪，只会让人更难从痛苦的深渊中解脱出来。这好比人们刻意去忘记一件事，反而会不自觉地增加对这件事的印象。不要盲目跟负面情绪做斗争，也不要回避痛苦，因为痛苦也是生活的一部分。我们应该把精力集中在确立自己的价值观，并竭力去实现它的过程中。

接受与实现疗法是一种不同于认知疗法的新理论。认知疗法所坚持的长期治疗策略就是攻击并且最终改变否定性思维，而不是接受它们。比如，当患者表达这样的想法："我的工作真是一团糟"，"每个人都在看着我的大肚子"时，认知疗法治疗师会质疑这些想法："你真的总是把工作搞得一团糟吗，还是你总是对自己要求很高？真的是所有人都盯着你的肚子吗，还是你自己太在乎别人对你的看法？"认知疗法的基本理念是帮助病人建立更为现实、更容易被接受、更为积极的新理念。

对比之下，接受与实现疗法并不注重如何操纵人们思考的内容，而是更注重如何改变人们的思维观念，即矫正人们看待问题的思维和情感方式。你认为别人老是盯着你的肚子，也许事实是这样，也许你的肚子确实很大；也许不是这样，只是你对自己太过苛求罢了。

具体说来，接受与实现疗法有两大步骤。

1. 与其忘记，不如先接受消极心理

接受与实现疗法认为，当我们试图赶走痛苦时，很可能适得其反，就好像人们越是告诫自己忘掉某个片段，反而印象越是深刻一样，不合理的自我暗示是一种折磨我们的力量。应该承认，人的一生中不可避免地存在消极的想法。它似乎与生俱来，我们与其浪费那么多的时间与暂时不能战胜的消极想法做斗争，不如用那些精力追求自己的人生价值。当有一天，自己愿意接受消极的想法时，就会发现自己更容易看出生命的方向。因此，所做的不是试图挑战所遇到的种种消极心理，而是试图削弱这些消极心理的力量。

2. 积极规划人生的意义

削弱消极心理之后的下一步就是找到个人生存的价值，提升生命质量的途径。这是接受与实现疗法最为重要的步骤与核心内容。

看看我们身边，不少人每天忙忙碌碌，其实孤独又脆弱，他们总是在奔波中迷失了自己的方向。针对这个问题，接受与实现疗法的专家通过发掘人们内心的渴望来帮助迷失的人找回自信。具体的办法就是让他们为自己写墓志铭，让他们对自己进行客观的评价。评价中往往还夹杂着对自己的期望和对人生的规划，意识到人生中有什么事情是必须完成的，最终认识到自己所追求的事物的价值。

积极的后悔才可能产生积极的情绪

人生一世，花开一季，谁都想让此生了无遗憾，谁都想让自己所做的每一件事都永远正确，从而达到自己预期的目的。可这只能是一种美好的幻想，人不可能不做错事，不可能不走弯路。做了错事、走了弯路都会让我们或多或少地错过一些美好事物。这个时候难免有一种后悔的情绪。有后悔情绪是很正常的，它能让我们的情绪保持平稳而不亢奋，而且这是一种自我反省，是自我解剖的前奏曲，正因为有了这种"积极的后悔"，我们才会在以后的人生之路上走得更好、更稳。

但是，如果你后悔不已，或羞愧万分，一蹶不振；或自惭形秽，自暴自弃，那么这种做法就是蠢人之举了。要知道人生没有返程票，世上亦没有后悔药。

但还是有许多年轻人生活在悔恨的阴影里。他们简直成了一台名副其实的悔恨机器。对于我们来讲，悔恨的形成有其深刻的社会根源。其主要原因在于：如果你不感到悔恨，就会被人看作"缺乏良知"；如果不感到内疚，就会被人认为"不近情理"。这一切都涉及你是否关心他人。如果你确实关心某人或某事，那么显示你的关心的方法就是为自己所做的错事感到悔恨，或者对其将来感到关注。这无异于表明，如果你是一个有责任感的人，就必须表现出神经机能性病的症状。

在各种误区中，悔恨是最为无益的，它无疑是在浪费你的情感。悔恨是你在现实中由于过去的事情而产生的惰性。然而，时光一去不复返，无论你怎样悔恨，已经发生的事情是无法挽回的。

其实，令人后悔的事情，在生活中经常出现。许多事情做了后悔，不做也后悔；许多人遇到了要后悔，错过了更后悔；许多话说出来后悔，不说出来也后悔……人的遗憾与后悔情绪仿佛是与生俱来的，正像苦难伴随生命的始终一样，遗憾与悔恨也与生命同在。

必须接受和适应那些不可避免的事情，这不是很容易学会的一课。错过了就别后悔，后悔不能改变现实，只会消弭未来的美好，给未来的生活增添阴影。要是得不到我们希望的东西，最好不要让忧虑和悔恨来打扰我们的生活，且让我们原谅自己，学得豁达一点。

第七章

别让不良情绪毁了你

——情绪调控

以目标的形式改善情绪问题

人类之所以能够摆脱原始的动物性，创造文明世界，是因为人类有自我控制情绪和行为的能力。控制自己的不健康的负面情绪并将其转换为健康的负面情绪是自控能力的重要体现。

情绪的产生具有偶然性。由于人所处的环境是不断变化的，身边发生的事情也是随机的，导致情绪的刺激源也是偶发性的。情绪的产生又具有必然性。由于人的情绪模式已经形成，在出现相同的刺激源时，情绪模式会以极快的速度开启并做出反应，就出现必然的结果。由此可见，要做到自我情绪控制必须先了解自己的情绪模式，这一过程可以分解为两个具体步骤——发现情绪问题、订立改进目标。

步骤一，发现情绪问题。我们对情绪问题的定义主要集中在不健康的负面情绪方面。我们的重点观察对象为不健康的负面情绪产生的环境类型，诱发不健康的负面情绪的原因，以及不健康的负面情绪导致的非建设性的行为。

发现自我的情绪问题可以是方方面面的，例如：

公司过几天要进行中层干部竞聘上岗了，你认为自己不如那些年资相仿的竞争对手，这让你焦虑不安，这使你整整一星期都在准备竞聘材料和演说词。

女儿学习成绩又下降了，你认为这都是因为自己忙于工作很少管她。因此感到很内疚，但又无计可施，只能在深夜拼命地喝酒。

当同一办公室的女同事穿了新衣服得到同事夸奖时，你会认为自己身材臃肿，穿什么都不好看，就会感到抑郁，避免和这位女同事正面接触。

当爱人承诺自己一件事情结果却食言的时候，会觉得他不爱自己。感到受到了伤害，对婚姻很无望，继而会展开持续数天的家庭冷战。

情绪模式的形成是日积月累的，不健康的负面情绪的诱因总是反复出现。而在同样的诱因下，人们很可能遇到同样的现实问题的困扰，产生相似的不健康的负面情绪，随之而来的就是采取相似的非建设性的行为或是"意愿中"的行为去解决问题。尽管每次的表现形式或许有差别，但是作为一种模式，这种连

设定改进目标时的注意事项

在设定改进目标的过程中应当注意以下两点。

一是量体裁衣，制定适合自己的目标。在定目标时切忌好大喜功，以免增加自己的心理负担。

二是做好未能完成既定目标的心理准备。

冰冻三尺非一日之寒，情绪模式的形成是一个日积月累的过程，改变它也非一朝一夕能够完成的。

锁反应被固定下来。

步骤二，订立改进目标。清楚地察觉了自己的情绪模式问题后就可以着手订立解决问题的改进目标。在此过程中，我们需要克服自身的心理问题，将不健康的负面情绪转换为健康的情绪；在结果上，力求用建设性的行为替代非建设性的行为。

继续本文上面的例子，我们可以如此设定目标。

公司过几天要进行中层干部竞聘上岗了，你希望自己能够为此担心而不是焦虑，那么，就要尽量充分地准备竞聘材料。你的现实目标是尽自己最大的能力去参与，成功与否都权当学习。

女儿学习成绩又下降了，你希望感到懊悔而不是内疚，那么，就要积极寻找平衡工作和家庭的方法而不是酗酒。你的现实目标是增强自己平衡工作与家庭关系的能力。

当同一办公室的女同事穿了新衣服得到同事夸奖时，你希望感到悲伤而不是抑郁，那么，就要自然地与这位女同事交往而不是逃避。你的现实目标是在不影响身心健康的前提下适当减肥并增强自信心。

当爱人承诺自己一件事情却食言的时候，你希望感到悲哀而不是受伤，那么，就要耐心询问他食言的原因是什么，并尽量体谅他的难处。你的现实目标是放宽心胸，培养和谐的家庭关系。

发现情绪问题和订立改进目标二者之间是相辅相成、缺一不可的关系，下面的表格能够更加直观地显示这一关系：

情绪诱因	受到同事指责
面临的困境	认为同事不尊重我
不健康的负面情绪	我感到极度愤怒
非建设性行为	立刻反唇相讥，揭露对方短处
建设性行为	接受批评并询问对方自己错在何处
目标	正视批评，提高自我

相信只要不断尝试，就能够越来越接近目标，即便目标未能达到，也要以平常心对待它。

不要被小事拖入情绪的低谷

工作中，使人分心的原因有很多，例如，发生突发状况，本来自己已经计划好了工作程序和工作时间，然而正当自己准备开始有条不紊地工作的时候，发生了一些突发状况，打乱了自己的计划，使工作不得不延期。此时，人的情绪就会十分低落，产生强烈的挫败感。

童先生在某公司任职，工作时总是无法集中精力，这个问题一直困扰着他，造成他的工作效率很低。于是，他向心理专家求助。专家对他的生活工作情况了解分析后得出结论，使童先生分心的原因就是嘈杂的工作环境。他们公司的人说话的声音很大，同时进出他办公室的人也非常多，而且十分频繁，这样就使得童先生无法集中思考。对此专家给他提出了一些建议。比如，在思考问题时，可以选择一个比较安静的地方，例如会议室、图书馆或市郊的公寓里。这些地方都有助于集中精力，思考问题。如果寻找这些地方不是很容易，也可以在办公室的门上悬挂一个"勿扰"的警示牌。

不仅是童先生，我们每个人在工作中都会遇到相似的问题。这些干扰，不仅会影响你的情绪，也使你的工作效率降低。所以，干扰已经成为困扰工作人士的一个十分普遍且棘手的问题。

根据调查，办公室内干扰的另一大因素是纸张泛滥成灾。办公室里到处都是文件、书籍、报告等文本，其中大多数都是无用的纸张。这些纸张在填满办公室的同时，也将你的视野填满，使你的视野变得狭窄，情绪也会随之变糟。

办公室内嘈杂的环境、同事的大声喧哗、老板的呵斥声，等等，这些都会影响情绪。可以用以下方法排除琐事对情绪的干扰。

1. 清理你的办公室

如果你的办公室里也被各种纸张填满，那么你应该尽快将它们整理一下，可以先将有用的挑选出来，再将特别重要但不常用的资料保存起来，而将常用的且相对重要的文件放在容易看到的地方。至于短时间内无法翻阅的书籍就要放入抽屉或是柜子里，

掌控情绪

等有时间时再浏览。最后就可以将挑选剩下的纸张捆起来扔掉或卖掉。这样不仅能更好地利用办公室的空间，也可以开阔你的视野，使得心情舒畅。

2. 换个新环境

面对嘈杂的办公环境，应该学会自我调整，逐渐摆脱影响情绪以及干扰你工作的各种不利因素，同时也要找到适合自己的解决方法。比如可以尝试换一个安静的环境，选择图书馆，或咖啡厅等人比较少且安静的地方。如果条件允许，最好可以回家工作，或许会收到意想不到的效果。

3. 利用信念，学会习惯

经理、主管等人，他们是无法挑选自己的工作环境的，同时每天要完成大量的工作，而且要管理下属、奖惩他人、与老板沟通、应对难缠的顾客、评估员工的表现，等等。这些工作都会使他们的情绪产生波动。那么此时，就要学会利用自己坚强的信念来控制自己的情绪，并慢慢地习惯这些状况以及恶劣的工作环境。俗话说习惯成自然，即当你习惯以后，这些情况就会成为你工作中的一部分，它们自然就不会对你产生压力。正如有些人打呼噜，但是他们的爱人依然可以酣睡如常。

身边的琐事每时每刻都在发生，它们会不同程度地影响你的情绪，然而你可以换个环境或运用信念的力量来摆脱它们，达到怡然自若的状态，而你的工作效率也会随之提高。

九型人格中的情绪调控

性格是一种与社会关系最密切的人格特征，表现人对现实和周围世界的态度，并表现在人的行为举止中，而这些行为举止恰恰是在情绪的控制下进行的。既然性格与情绪有着这样紧密的关系，那么我们就通过对自我性格的调控来进行情绪调控。

由于性格对人类生活的重要性，自古以来就有很多人对其进行研究，并进行了概括总结，因而关于性格的分类有很多种。在这里，我们采用时下最流行的"九型人格"分类法来进行情绪调控。具体来说，就是通过对人们各自性格的调节，来达到愉悦生活的效果。我们先来熟悉一下什么是"九型人格"。

顾名思义，九型人格其实就是把性格概括为九种，每个人都属于其中的一种。在九型人格之中，没有哪一型是"男人专属"，也没有哪一型是"女人专属"，更没有哪一型比较好、哪一型比较差的绝对价值观。事实上，每一型的人都各有其优缺点，只要扬长避短，发扬优点，抛弃缺点，就会达到我们控制情绪的目的。

九型人格，具体指以下 9 种类型的性格。

1. 完美主义者

具有完美主义性格特点的人，总是希望得到别人的肯定，害怕出现任何差错，他们对待工作和生活的态度永远是精益求精，追求至善至美。他们的脸总是呈现凝重的表情，对待一顿饭如同对待一场外交一样慎重。

掌控情绪

2. 给予者

给予者平时总是温和而友好的，因而非常讨人喜欢，他们从小到大，生活的意义似乎都是为了让别人开心。小时候，为了得到父母的奖励，他们做乖孩子；上学后，为了让老师赞赏，他们成了好学生；再后来，为了伴侣的开心，他们又总是想尽办法做个好丈夫或好妻子。

3. 现实主义者

"天下熙熙，皆为利来，天下攘攘，皆为利往。"这句话送给现实主义者再合适不过。他们的身上有着难能可贵的务实精神，从不将精力浪费在"无用"的地方，他们在做一件事情的时候总是不断分析它的利弊。与此同时，他们可能是很有"表演"天赋的一群人，他们会用不同的表情来面对不同的人，有时候难免让人觉得虚伪。

4. 浪漫主义者

浪漫主义者是天生的艺术家，他们高兴的时候尽情地开怀大笑，伤心的时候号啕大哭而不惧怕别人的眼光。他们生活得最自我也最真实，很少虚伪和做作。尽管如此，他们的身上总有一股忧郁的气息，让人难以捉摸。

5. 观察者

观察者不喜欢与人交往，宁愿孤独地面对整个世界。在工作上，他们的理性让他们很少感情用事。他们和任何人交往都是"君子之交淡如水"，他们不会让别人走进他们的内心，当然，他们也没有兴趣走进别人的内心。

6. 怀疑论者

怀疑论者的脸上总是一副怀疑的表情，他们难以相信任何人，甚至对自己也不信任。信任危机一直困扰着他们。

7. 享乐主义者

享乐主义者的脸上永远洋溢着快乐，烦恼在他们的心里不会驻足太久。对于他们来说今朝有酒今朝醉是非常好的生活哲学，因为生命太短暂，要抓紧时间享受。

8. 领导者

领导者给人的印象是严肃而有威严的。他们从小可能就是那些调皮捣蛋的孩子王，长大了那种领导众人的魅力也就显现出来了。他们可能是为了帮助弱小者挺身而出的人，也可能是为了反对某种不合理的制度而带头"革命"的人。他们身上的正义感很强，愿意保护社会中的弱势群体。然而，他们喜欢命令人的脾气可能不会受到周围人的欢迎。

9. 协调者

合纵连横，纵横捭阖，这是协调者的强势。他们脾气好，能够说服别人，因而无论走到哪里都会有好人缘。但是，他们天生缺乏决断能力，在重大事情面前总是摇摆不定。

这里只是对九型人格进行了一些简略的叙述，有兴趣的人可以找来相关的著作，或者在网上找一些资料，进行深入研究。另外，

▶ 掌控情绪

还可以进行一些性格测试，确定自己属于哪一类性格，然后再有针对性地对自我情绪进行调整。

走出情绪调适的误区

良好情绪是提高生活质量的基础，它有利于促进健康、学习、工作和生活。评定良好情绪的标准主要有以下几点：情绪反应有一定原因；能够控制自己的情绪变化；情绪反应不过度，适度合理；心情愉快，心境稳定、乐观。

生活中，不可避免会产生不顺心的事情，从而可能引发悲观、焦虑、恐惧、愤怒等情绪。拥有这些情绪是不可避免的，但要懂得调适这些情绪，以保持健康身心。但是，在调适情绪时，人很容易陷入以下3个误区：

1. 认为情绪调适就是使人时时"快乐"

现实生活中，"快乐"已经成为人们非常频繁而贴心的祝福，只有这种情绪体验显然不够。不能为了总是拥有快乐而刻意回避随时可能遇到的矛盾和困难。

丰富多彩的生活决定人们的应该有各种各样的情绪体验。情绪按体验的程度可分为心境、激情、应激。常说的"快乐""开心"即心境。情绪健康的人的主导心境应乐观向上。情绪具有两极性，当你紧张而不知道如何放松时，可以试着攥紧拳头，当松开拳头的那一瞬间即可体验到放松的感受。

2. 认为情绪调适只是方法问题

人们在情绪调适的问题上通常仅仅注重自我暗示、咨询、宣泄等具体的调适方法。实际上，形成正确的认知、养成快乐的习惯才是情绪调适的根本方法。明确自己的定位、目标、优势和不足，而不去追求不切实际的目标，才是保持良好情绪的关键所在。勇于承认自身的不足，不刻意压抑自己，抛弃虚荣心，对别人的评价也不要过分敏感。如此这般，才不会因无法达到预期目标而产生不良情绪，才能更清晰地认识到自身不良情绪引发的原因，而后合理地处理事情，而不是遇到不好情况就过分紧张。

3. 认为情绪调适只是成年人的事

对于成年人的不良情绪，人们通常可以理解，对于儿童身上出现的不良情绪许多人却理解不了，例如，经常听到大人对小孩说"小小年纪，烦什么烦"。但是，研究表明，相比成年后的经历，童年时期的经历对人一生的心理影响更大，对情绪的影响也是如此。成年人不良情绪的产生通常可以追溯到他们童年时期的经历。因此，儿童成长中出现的情绪问题必须引起重视。要重视儿童的情绪调适问题，使儿童积累各种类别的情绪。当儿童出现不良情绪反应时，要积极、合理地引导他们，让他们从小养成情绪调适的习惯。

情绪调适能反映出一个人的智慧、习惯、人的精神意志和道德水平。情绪调适与人的童年经历密切相关。从情绪调适的误区中走出来，使自己拥有持久稳定的良好情绪。

▶ 掌控情绪

第八章

相信阳光一定会再来

——永怀希望

事情没有你想象的那么糟

很多刚刚步入社会的年轻人，由于自身的经验、才能不足，情绪容易受外界影响，加上社会上竞争激烈，各个用人单位对人才的要求不尽相同，面试遭淘汰，或者工作不适被辞退，这都是很正常的事情，我们不必为此耿耿于怀。只要我们相信自己，时刻提起精神，终会有"柳暗花明又一村"的新景象等待着我们。因为当生活把苦难带给我们时，其实又给我们推开了一扇窗，所以事情并没有你想象的那么糟。让我们学着用积极的态度去面对苦难，在苦难中学习，在苦难中成长。当越过苦难，这个过程就变成一生弥足珍贵的记忆。

用积极的思维面对人生的苦难

人的一生不可能永远一帆风顺，会有不少时间是灰暗的。这些灰暗的日子被我们称为苦难，面对苦难，每个人会表现出不同的情绪。

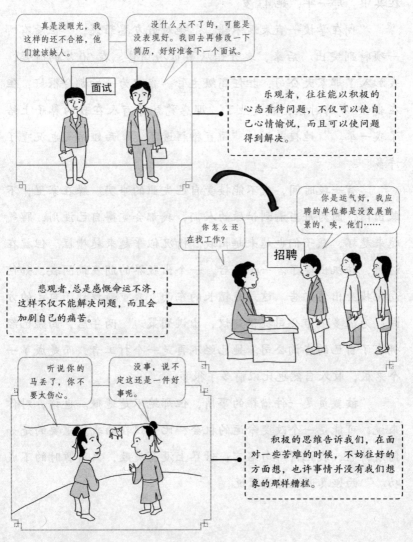

真是没眼光，我这样的还不合格，他们就该缺人。

没什么大不了的，可能是没表现好。我回去再修改一下简历，好好准备下一个面试。

面试

乐观者，往往能以积极的心态看待问题，不仅可以使自己心情愉悦，而且可以使问题得到解决。

你怎么还在找工作？

你是运气好，我应聘的单位都是没发展前景的，唉，他们……

招聘

悲观者，总是感慨命运不济，这样不仅不能解决问题，而且会加剧自己的痛苦。

听说你的马丢了，你不要太伤心。

没事，说不定这还是一件好事呢。

积极的思维告诉我们，在面对一些苦难的时候，不妨往好的方面想，也许事情并没有我们想象的那样糟糕。

西娅在维伦公司担任高级主管，待遇优厚。但是，不幸的事情突然发生了，为了应对激烈的竞争，公司开始裁员，而西娅也在其中。那一年，她43岁。

"我在学校一直表现不错，"她对好友墨菲说，"但没有哪一项特别突出。后来，我开始从事市场销售。在30岁的时候，我加入了那家大公司，担任高级主管。我以为一切都会很好，但在我43岁的时候，我失业了。那感觉就像有人在我的鼻子上给了我一拳。"她接着说，"简直糟糕透了。"西娅语气也沉重了许多。

"有一段时间，我不能接受自己失业的事实。躲在家里，不敢出门，因为每当看到忙碌的人们，我都会觉得自己没用，脾气越来越坏，孩子们也越来越怕我。情况似乎越来越糟糕。但就在这时，转机出现了。一个月后，一个出版界的朋友询问我，如何向化妆业出售广告。这是我擅长的东西。我重新找到了自己的方向：为很多上市公司提供建议，出谋划策。"两年后，西娅已经拥有了自己的咨询公司。她已经不再是一个打工者，而是成了一个老板，收入自然也比以前多了很多。

"被裁员是一件糟糕的事情，但那绝不是地狱。也许，对你来说，可能是一个改变命运的机会，比如现在的我。重要的是如何看待它，我记得那句名言：世界上没有失败，只有暂时的不成功。"西娅真诚地对墨菲说。

相信任何人在面临西娅那样的遭遇时都会苦恼不已，沉溺在低迷的情绪中。但是只要迅速地调整心态，转个弯就能找到另一条出路，就能获得成功。像西娅那样，即使被单位解聘了也不必灰心，走过去，前面将有更光明的一片天空在等待着我们。

海伦·凯勒曾经说过："当一扇幸福的门关起的时候，另一扇幸福的门会因此开启；但是，我们经常看着这扇关闭的大门太久，而没有注意到那扇已经为我们开启的幸福之门。"这正是上帝在以另一种方式告诉我们，我们未尽其才，"天生我材必有用"，不如天生我材自己用，现实不残酷不足以激发我们的生命力，竞争不激烈不足以显示我们的战斗力。

困难中往往孕育着希望

有人说，从绝望中寻找希望，人生终将辉煌。在人的一生中，积极的情绪是一种有效的心理工具，是能够把握自己命运的必备素质。如果你认为自己能够发挥潜能，那么积极的情绪便会使你产生力量和勇气，从而使你如愿以偿。

千万不要把事情想象得太糟糕，也许明天早晨它就会出现转机。这是所有成功者给我们的忠告。成大事者必须在情绪低落的时候激发自己的积极情绪，从而获取成功。人的一生中，难免会遇到各种各样的困难，总会遇到一些不称心的人、不如意的事，应该以什么样的心态面对这一切呢？如果你有快乐而又自信的好习惯，那么效果往往是出人意料的。

看一看这个故事吧：

美国联合保险公司有一位名叫艾伦的推销员，他很想当公司的明星推销员。因此他不断从励志书籍和杂志中培养积极的心态。有一次，他陷入了困境，这是对他平时进行积极心态训练的一次考验。

那是一个寒冷的冬天，艾伦在威斯康星州一个城市的某个街区推销保险。结果却没有售出一张保险单。他对自己很不满意，但当时他这种不满是积极心态下的不满。他想起过去读过的一些保持积极心境的法则。

第二天，他在出发之前对同事讲述了自己前一天的失败，并且对他们说："你们等着瞧吧，今天我会再次拜访那些顾客，我会售出比你们售出总和还多的保险单。"基于这种心态，艾伦回到那个街区，又访问了前一天同他谈过话的每个人，结果售出了66张保险单。这确实是了不起的成绩，而这个成绩是他当时所处的困境带来的，因为在这之前，他曾在风雪交加的天气里挨家挨户地走了8个多小时而一无所获，但艾伦能够把这种对大多数人来说都会感到的沮丧，变成第二天激励自己的动力，结果如愿以偿。

这个故事告诉我们，人生充满了选择，而生活的态度决定一切。你用什么样的态度对待你的人生，生活就会以什么样的态度来对待你，你消极，生活便会暗淡；你积极向上，生活就会给你许多快乐。

当人们遭到严重的（或一定的）挫折以后所产生的诸如失落、无奈、困惑等情绪，会使自己对未来失去信心，因而牢骚满腹，于是老气横秋、怨天怨地、长吁短叹，结果失去了青春的活力，失去了人生的乐趣。

只有正确地对待生活，保持良好的情绪才能克服各种困难，快乐地生活。

当你的意识告诉你"完了，没有希望了"，你的潜意识也就会告诉你，绝处可以逢生，在绝望中也能抓住希望，在黑暗中总有一点光明。不错，黎明前的夜是最黑的，只要我们在漆黑的夜里能看到一线曙光，那么，我们就要相信光明总会到来，事情总会有转机。不要消沉，不要一蹶不振，只要抱有积极的情绪，相信大雨过后天更蓝、船到桥头自然直。

任何时候都不要放弃希望

著名的英国文学家罗伯特·史蒂文森说过："不论担子有多重，每个人都能支持到夜晚的来临；不论工作多么辛苦，每个人都能做完一天的工作，每个人都能很甜美、很有耐心、很可爱、很纯洁地活到太阳下山，这就是生命的真谛。"确实如此，唯有流着眼泪吞咽面包的人才能理解人生的真谛。因为苦难是孕育智慧的摇篮，它不仅能磨炼人的意志，而且能净化人的灵魂。如果没有那些坎坷和挫折，人绝不会有丰富的内心世界，也不会从中吸取

在不如意的人生中好好活着

有人说，人的一生之中只有三件事，一件是"自己的事"，一件是"别人的事"，一件是"老天爷的事"。处理好这三件事的关系，就能活得更轻松自在。

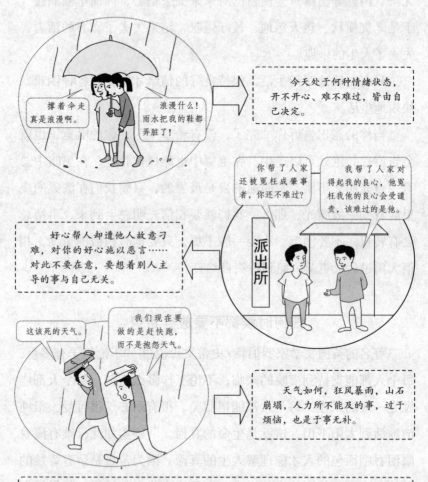

所以，要轻松自在很简单：管理好自己的事情，每天给自己一个美好的心情，让自己处于一个积极的情绪之中。不管"别人的事"，也不操心"老天爷的事"。

掌控情绪

经验。苦难能毁掉弱者，同样也能造就强者。

有些人一遇到挫折就灰心丧气、意志消沉，甚至用死来躲避厄运的打击。这是弱者的表现，可以说生比死更需要勇气。死只需要一时的勇气，生则需要一世的勇气。人的一生中都可能有消沉的时候，居里夫人曾两次想过自杀，奥斯特洛夫斯基也曾用手枪对准过自己的脑袋，但他们最终都以顽强的意志面对生活，并获得了巨大的成功。可见，一时的消沉并不可怕，可怕的是陷入消沉中不能自拔。

做一个生命的强者，就要在任何时候都不放弃希望，耐心等待转机来临的那一天。

从前，两军对峙，城市被围，情况危急。守城的将军派一名士兵去河对岸的另一座城市求援，假如救兵在明天中午赶不回来，这座城市就将沦陷。

整整两个时辰过去了，这名士兵才来到河边的渡口。平时渡口会有几只木船摆渡，但由于兵荒马乱，船夫全都避难去了。本来他可以游泳过去，但现在数九寒天，河水太冷，河面太宽，而敌人的追兵随时可能出现。

他的头发都快愁白了，假如过不了河，不仅自己会成为俘虏，整个城市也会落在敌人手里。万般无奈，他只得在河边静静地等待。这是一生中最难熬的一夜，他觉得自己都快要冻死了。他感到四面楚歌、走投无路了。自己不是冻死就是饿死，要么就是落在敌人手里被杀死。更糟的是，到了夜里，刮起了北风，后来又下起了鹅毛大雪。他冻得瑟缩成一团，甚至连抱怨命运的力气都没有了。此时，他的心里只有一个念头：活下来！

他暗暗祈求：上天啊，求你再让我活一分钟，求你让我再活一分钟！也许他的祈求真的感动了上天，当他气息奄奄的时候，他看到东方渐渐发亮。等天亮时他惊奇地发现，那条阻挡他前进的大河上面，已经结了一层冰。他在河面上试着走了几步，发现冰冻得非常结实，他完全可以从上面走过去。

他欣喜若狂，牵着马从上面轻松地走过了河面。

因为没有放弃希望，所以这名士兵等到了转机，从而给自己等来了重生的机会。可见，事事没有绝路，只要我们不放弃希望，那么即使是再危难的处境，也可能绝处逢生。只有坚持、不放弃的人，才能够走向最终的胜利。

事实上，处在绝望境地的拼搏，最能激发人身体里的潜在力量。每个人都是凤凰，但是只有经过命运烈火的煎熬和痛苦的考验，才能浴火重生，并在重生中得以升华。只有心中充满了胜利的希望，才不会被任何艰难困苦所打倒。

别让精神先于身躯垮掉

当我们面对挫折和困难时，逃避和消沉是解决不了问题的，唯有以积极的心态去迎接，问题才有可能最终被解决。积极乐观

▸·掌控情绪

的人每天都拥有一个全新的太阳，奋发向上，并能从生活中不断汲取前进的动力。当我们处于困境时，只要我们保持昂扬的精神，奋力拼搏，终将迎来阳光明媚的春天。

遗憾的是，很多时候我们的精神先于身躯垮下去了。

如果你的心灵已太久不曾有过渴望的涌动，请你轻轻地将它激活，让它焕发健康的亮色。下面，我们一起看一则关于信念的故事。

一场突然而至的沙尘暴，让一位独自穿行大漠者迷失了方向，更可怕的是连装干粮和水的背包都不见了。翻遍所有的衣袋，他只找到一个泛青的苹果。

"哦，我还有一个苹果。"他惊喜地喊道。

他攥着那个苹果，深一脚浅一脚地在大漠里寻找着出路。整整一个昼夜过去了，他仍未走出空阔的大漠。饥饿、干渴、疲惫一齐涌上来。望着茫茫无际的沙海，有好几次他都觉得自己快要支撑不住了，可是他看了一眼手里的苹果，抿了抿干裂的嘴唇，陡然又添了些许力量。

顶着炎炎烈日，他又继续艰难地跋涉。三天以后，他终于走出了大漠。那个他始终未曾咬过的青苹果，已干巴得不成样子，他还宝贝似的攥在手中，久久地凝视着。

在人生的旅途中，我们常常会遭遇各种挫折和失败，会身陷

从大自然中汲取力量

　　人在任何时候都不应该放弃信念和希望，只要一息尚存，就要追求，就要奋斗。其实，大自然始终在用它的方式给我们提供战胜困难的力量。

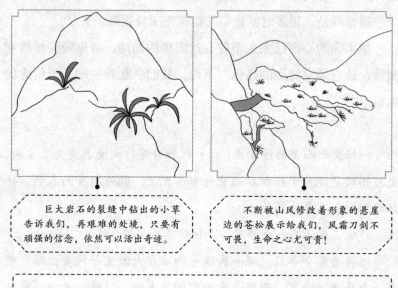

　　巨大岩石的裂缝中钻出的小草告诉我们，再艰难的处境，只要有顽强的信念，依然可以活出奇迹。

　　不断被山风修改着形象的悬崖边的苍松展示给我们，风霜刀剑不可畏，生命之心尤可贵！

　　在任何时候，无论处在怎样的境遇，都不要放弃希望和信念。就像石缝中的小草、山崖上的苍松一样，只要努力生长，生命依然都郁葱葱。

某些意想不到的情绪困境之中。这时，不要轻易地说自己什么都没有了，只要心灵不熄灭信念的圣火，努力地去寻找，总会找到能渡过难关的那"一个苹果"。攥紧信念的"苹果"，就没有穿不过的风雨、涉不过的险途。所以，无论面对怎样的环境、面对多大的困难，都不能放弃自己的信念、放弃对生活的热爱。因为很多时候，打败自己的不是外部环境，而是你自己。

第九章 ∧∧

善待他人，胸怀更广阔

——学会宽容

及时原谅别人

2009 年 12 月 16 日，NBA 常规赛，新泽西篮网的后卫德文·哈里斯在客场以 89 : 99 的比赛中，因被奥尼尔抢断之后情绪失控，在骑士队球员穆恩上篮的时候将其一把搂住脖子拉下，险些对其生命造成危险。然而赛后接受采访的穆恩向媒体表示："我想他不是故意的，他很可能是冲着球去，但是恰恰没碰到球而已。"

曾经因为对方的犯规行为差点失去生命的穆恩用一句"他不是故意的"，化解了彼此的尴尬。其实，很多时候别人得罪我们，也许并非出于本意，即使发生了冲突和矛盾，也往往是巧合，或者是情势所逼。

▶·‹ 掌控情绪

可见，建立积极的情绪，用心去宽容他人、信任他人，是对人性的肯定。要做到胸襟开阔，就要意识到人无完人，做到得理让人、宽容待人。

一个夜晚，在美国东海岸的一个城市里，有位外国留学生，走出公寓去寄一封信。路上，他被11个不良少年围攻，拳打脚踢揍了一顿。

不幸的是在救护车来到之前，他就断了气，两天之内，这11个人被一一逮捕。社会大众要求严惩他们，媒体也呼吁采取最严厉的惩罚。

后来，这位死者的父母寄来一封信，要求尽可能减轻对这些少年的责罚，并捐献一笔基金，作为这些孩子出狱重新生活及社会辅导的费用。他们不愿仇恨这些少年，他们只希望这些少年从残暴、粗鲁、野蛮和病态的虐待性格中获得新生。

世界上的事无独有偶，在意大利也曾发生过类似的事。

1994年9月的一天，在意大利境内的一条高速公路上，一对美国夫妇带着7岁的儿子尼古拉斯·格林正驾车向一个旅游胜地进发。突然，一辆菲亚特轿车超过他们。车窗内伸出几支枪，一阵射击之后，他们的儿子中弹身亡。

这对夫妇本该痛恨这个国家，因为在这块土地上他们失去了爱子。他们痛恨这里的人也并不为过，因为是意大利人杀了他们的孩子。可是，悲伤过后，他们做出一个令人震惊的决定：把儿子的健康器官捐献给意大利人！在意大利，即便是正常死亡的本国公民，自愿捐献器官的也很罕见，于是，一个 15 岁的少年接受了尼古拉斯的心脏，一个 19 岁的少女得到了他的肝，一个 20 岁的女孩换上了他的胃，另两个孩子分别得到了他的两个肾。5 个意大利人在这份生命的馈赠中得救了。

后来，意大利总统斯卡尔法罗将一枚金质奖章授予这对美国夫妇，为他们容纳百川的胸怀以及悲天悯人的情怀，还有以德报怨的人生境界。

生活不同于战争，它没有战争那么残酷，时时都要面对生命的威胁。所以，在生活中的人，大多不会将对方逼到"不是你死就是我活"的地步。生活里的那些摩擦，通常都是不经意的。比如陌生人在地铁里挤到了你、同事因为不小心打碎了你的玻璃杯、朋友不经意地说了你不爱听的话……

世界上如果没有宽容和信任，一切亲情、友情、爱情都将失去存在的基础，每个角落都是尔虞我诈的欺骗，社会将毫无温情可言。当然，人非圣贤，要去爱我们的敌人或仇人也许真的有点强人所难，但出于自身的健康与幸福，学会宽恕，甚至忘记所有的仇恨，也可以算是一种明智之举。有句名言说："无论被虐待也好，被抢掠也好，只要忘掉就行了。"

▶ 掌控情绪

气量大一点，生活才祥和

生活中，有的人能活得轻松快乐，而有的人却活得沉重压抑。究其原因，无非是因为前者情绪稳定而且有包容一切的气量；而后者之所以感觉负担沉重，是因为度量太小，计较太多，总是沉溺在不安的情绪里。

事实上，任何人都不是完美无缺的，世界上不存在绝对完美的人，我们不论与谁交往，都不可能要求对方事事都能做到让我们满意的程度。气量小的人，往往不能容忍比自己优秀的人，也容忍不了和自己存在分歧的人。其实细细品味人生，就会明白看似困难的事情也很容易解决，"以柔和驱赶仇恨"，其实就是告诉我们要有宽厚待人的气量。

美国的第16任总统林肯是美国历史上一位颇有建树的总统，他在任期内创造了数项足以影响美国乃至世界的丰功伟绩。他的身上有很多优秀品质，坚韧、智慧、低调等，他的宽容品质也颇受世人的称赞。曾经发生过这样一件事：

林肯在任期间，一次他下令调动一些军队参与作战。命令下达之后，却受到了当时任作战部部长的史丹顿的阻挠，他拒绝执行林肯的此项命令，犯下了军队的大忌，还发牢骚表示对林肯此项命令的不满、讽刺、嘲笑，甚至口不择言地说道："作为总统下达这种愚蠢的命令，他就是一个该杀的傻瓜。"

气量大一点

　　人生不可能总是一帆风顺，总会遇到一些坎坷和矛盾，有的人因此而抱怨不止，而有的人却能轻松面对，两者只是气量不同而已。

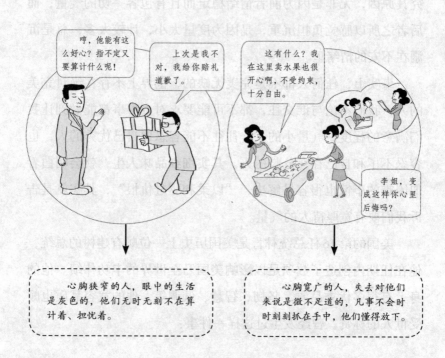

　　心胸狭窄的人，眼中的生活是灰色的，他们无时无刻不在算计着、担忧着。

　　心胸宽广的人，失去对他们来说是微不足道的，凡事不会时时刻刻抓在手中，他们懂得放下。

　　身临其境地想一下，当把一切得失荣辱都视作浮云的时候，生活不就变得轻松自如了吗？而这只需要气量大一点就可以办到。

这件事很快被林肯得知。大家都在想，这次史丹顿对总统如此不敬，公开表示他的不满、怨恨，林肯一定不会放过史丹顿的。然而，林肯本人对这件事的态度非常出乎人们的意料。他没有恼羞成怒，而是静下心来检讨自己的命令是否妥当。他马上找到史丹顿，征求他的意见。史丹顿丝毫不留情面地指出了此项命令的不当之处。林肯经过深思熟虑之后，最终认为自己的方案的确存在很大的问题，于是收回了命令。

林肯面对部下的阻挠并没有震怒，而是用一种温和的态度处理这件事，这正说明，越是位高权重的人，越应该尊重和采纳他人的意见，正所谓"得民心者得天下"。林肯总统得到了人们的拥戴和肯定，这都要得益于他的宽容大度，在他的领导下，整个美国才得以稳定地发展。

人生的道路漫长而坎坷，在充满了艰辛的同时，也孕育着希望。我们不要总是抱怨自己生不逢时，不要总是抱怨没有结交到优秀的人，而是要对人多一分包容、多一分理解。气量和容人，犹如器之容水，器量大则容水多，器量小则容水少，器漏则上注而下逝，无器者则有水而不容。气量大的人，容人之量、容物之量也大，能和不同性格、不同脾气的人融洽相处；能兼容并蓄，能接受别人的批评；也能忍辱负重，经得起误会和委屈。这样就能以轻松自如的心态来面对纷繁复杂的人间百态，让我们摆脱不满、愤恨的情绪，让生活变得简单、变得祥和。

豁达是衡量风度的标尺

在生活中，常常会见到这样的人：他们受到一点委屈便斤斤计较、耿耿于怀；听到别人的批评就接受不了，甚至痛哭流涕；把学习、生活中的一点小失误看成莫大的失败、挫折，长时间寝食难安；人际交往面狭窄，只同与自己意见一致或能力不超过自己的人交往，容不下那些与自己意见有分歧或比自己强的人……这些人就是典型的狭隘型性格的人。

有人曾说过："没有豁达就没有宽容。无论你取得多大的成功，无论你爬过多高的山，无论你有多少闲暇，无论你有多少美好的目标，没有宽容心，你仍然会遭受内心的痛苦。世界上最大的是海洋，比海洋宽广的是天空，比天空宽广的是人的胸怀。"

豁达的度量，从根本上说是来自一个人宽广的胸怀。一个人倘若没有远大的生活理想和目标，其心胸必然狭窄，愚蠢庸俗、斤斤计较、贪图私利的人，眼睛只盯着自己的私利，根本不可能有豁达和宽容的胸怀和度量。"心底无私天地宽"，只有从个人私利的小圈子中走出来，心里经常装着更远、更大目标的人，才能具有宽广的胸怀，领略到海阔天空的精神境界。

唐玄宗开元年间有位梦窗禅师，他德高望重，是当朝国师。

有一次，他搭船渡河，渡船刚要离岸，从远处来了一位骑马佩刀的大将军，大声喊道："等一等，等一等，载我过去！"他

▶ 掌控情绪 🔥

怎样做一个豁达的人

豁达的人往往心胸开阔、性格开朗，备受欢迎，那么如何做一个豁达的人呢？

不因小事发脾气
不要因为一些鸡毛蒜皮的小事动怒，少一些脾气，多一些温和，慢慢就会越来越受人欢迎。

不和别人攀比
不要和别人比较，自信心也就慢慢回来了，也会变得更加豁达。

不要纠结某件事
做一个豁达的人就不要太斤斤计较，不钻牛角尖。

其实，只要我们凡事看开些，心胸就开阔了，心情也就舒畅了。

一边说一边把马拴在岸边，拿了鞭子朝水边走来。

船上的人纷纷说道："船已开行，不能回头了，干脆让他等下一班吧！"船夫也大声回答他："请等下一班吧！"将军急得在水边团团转。

这时坐在船头的梦窗禅师对船夫说道："船家，这船离岸还没有多远，你就行个方便，掉过船头载他过河吧！"船夫看到一位气度不凡的出家师父开口求情，就把船撑了回去，让那位将军上了船。

将军上船以后四处寻找座位，无奈座位已满，这时他看见坐在船头的梦窗禅师，于是拿起鞭子就打，嘴里还粗野地骂道："老和尚！走开点，快把座位让给我！难道你没看见本大爷上船？"没想到这一鞭子正好打在梦窗禅师头上，鲜血顺着脸颊流了下来，禅师一言不发地把座位让给了那位蛮横的将军。

这一切，大家都看在眼里，心里既害怕将军的蛮横，又为禅师的遭遇感到不平，纷纷窃窃私语：将军真是忘恩负义，禅师请求船夫回去载他，他不但抢禅师的位子，还打了他。将军从大家的议论中，似乎明白了什么。他心里非常惭愧，不免心生悔意，但身为将军放不下面子，不好意思认错。

不一会儿，船到了对岸，大家都下了船。梦窗禅师默默地走到水边，慢慢地洗掉了脸上的血污。那位将军再也忍受不住良心的谴责，上前跪在禅师面前忏悔道："禅师，我……真对不起！"梦窗禅师心平气和地对他说："不要紧，出门在外难免心情不好。"

这是对人生的一种豁达，如果梦窗禅师没有一颗豁达的心，只想着自己被别人侵犯了，他随即就会产生愤怒情绪。可是在他包容心的驱使下，生活中发生的冲突和争执也变得云淡风轻，同时他也感染了那位将军，让他的情绪也归于平静。

所以，要用豁达的心宽容一切违逆和挫折，也要以豁达的心去理解他人的误会和偏见。只有你真正明白了这些，才会促使自己成功，才会明白使自己变得机智勇敢、豁达大度的，不是顺境，而是那些常常让自己陷入困境的打击、挫折。陶渊明说："俯仰终宇宙，不乐复何如？"一个睿智之人是不会抱着忧虑而愁眉不展的。无论在什么环境下，我们都要豁达乐观地生活。

原谅别人，其实就是放过自己

我们每个人可能都遭受过别人带给我们的伤害，我们也会做出各种各样的反应。如果不加控制，满腔怒火就会烧到我们自己，对我们造成伤害。与其在耿耿于怀中让自己失去原本平和的生活，不如原谅别人。原谅别人，也就是熄灭自己的心中之火，抚平自己的情绪伤痕。

一位画家在集市上卖画，不远处，前呼后拥地走来一位大臣的孩子。那位大臣在年轻时曾经把画家的父亲欺诈得心碎而死去。这孩子在画家的作品前流连忘返，并且选中了一幅，画家却匆匆地用一块布把它遮盖住，声称这幅画不卖。

从此以后，这孩子因为心病而变得憔悴，最后，那位大臣出面了，表示愿意出高价购买那幅画。可是，画家宁愿把这幅画挂在自己画室的墙上，也不愿意出售。他阴沉着脸坐在画前，自言自语地说："这就是我的报复。"

每天早晨，画家都要画一幅他信奉的神像，这是他表示信仰的唯一方式。

可是现在，他觉得这些神像与他以前画的神像日渐相异。

这使他苦恼不已，他不停地找原因。然而有一天，他惊恐地丢下手中的画，跳了起来。因为他刚画好的神像的眼睛，竟然像那个大臣的眼睛，而嘴唇也酷似。

他把画撕碎，并且高喊："我的报复已经回报到我的头上来了！"

可见，报复会把人驱向疯狂的边缘，使人的心灵不能得到片刻安宁。当你无法忘记心中的怨恨，总是想着去报复时，最终受伤害的不仅仅是对方，对你造成的伤害也许更大。

心理学研究证实，心存怨恨有害健康。

由此可见，原谅不但是宽恕别人，更是宽恕自己。唯有学着宽恕，忘记怨恨，才能抚慰你暴躁的心绪，弥补不幸对你的伤害，让你不再纠缠于心灵毒蛇的咬噬，从而获得心灵的自由。

宽容别人的同时，自己也就把怨恨或嫉恨从心中排解掉了，也才会怀着平和与喜悦的心情看待任何人和任何事，从而带着愉

▶ 掌控情绪

学会宽容

要学会宽容，掌握了下面两条就会很简单。

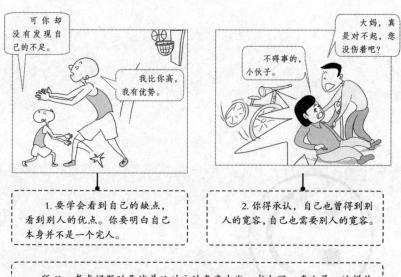

1. 要学会看到自己的缺点，看到别人的优点。你要明白自己本身并不是一个完人。

2. 你得承认，自己也曾得到别人的宽容，自己也需要别人的宽容。

所以，考虑问题时要试着从对方的角度出发，求大同、存小异，这样你才能够善待他人，也善待自己。

快的心情生活。所以，在生活的磨难中学会宽容，能原谅他人的人，心里的苦和恨比较少；或者说，心胸比较宽阔的人，就容易宽容他人。

第十章

不要和快乐形同陌路

——经营快乐

快乐不在于拥有得多，而在于计较得少

我们总觉得生活中的快乐太少，其实是因为我们计较得太多。只要我们用心去体验，就会发现幸福和快乐隐藏在普通的生活中。

如果你拥有一双发现的眼睛，减少对生活中各种事物的苛求，很容易就能够发现快乐。快乐不是你拥有了多少的财富、拥有了多少的房产、拥有了多少被人艳羡的珠宝，而是你能够在平常的任何事物中能得到感触，这种感触存在于你生活的每一部分，并且点亮了你的生活。

有位青年，厌倦了平淡的生活，感到生活是那么无聊和痛苦。

为寻求刺激，青年参加了挑战极限的活动。活动规则是：一个人待在山洞里，无光无火亦无粮，每天只供应 5 千克的水，时间为整整 5 个昼夜。

第一天，青年颇觉刺激。

第二天，饥饿、孤独、恐惧一齐袭来，四周漆黑一片，听不到任何声响。于是他有点向往起平日里的无忧无虑来。他想起了乡下的老母亲不远千里地赶来，只为送一坛韭菜花酱以及小孙子的一双虎头鞋；他想起了终日相伴的妻子在寒夜里为自己掖好被子；他想起了宝贝儿子为自己端的第一杯水；他甚至想起了与他发生争执的同事曾经给自己买过的一份工作餐……渐渐地，他后悔平日里对生活的态度：懒懒散散，敷衍了事，冷漠虚伪，无所作为。

到了第三天，他几乎要饿昏过去。可是一想到人世间的种种美好，便坚持了下来。第四天、第五天，他仍然在饥饿、孤独、极大的恐惧中反思过去、向往未来。

他责骂自己竟然忘记了母亲的生日；他遗憾妻子分娩之时未尽照料的义务；他后悔听信流言与好友分道扬镳……他这才发现需要他努力弥补的事情竟是那么多。可是，连他自己也不知道，他能不能挺过最后一关。此时，泪流满面的他发现：洞门开了。阳光照射进来，白云就在眼前，淡淡的花香，悦耳的鸟鸣——他又迎来了一个美好的人间。

青年扶着石壁蹒跚着走出山洞，脸上浮现出了一丝难得的笑容。五天来，他一直用心在说一句话，那就是：活着，就是幸福。

　　幸福就是这么简单，人在困境中，才会发现生活的美好，才知道自己以前的苛求那么多，才发现自己的人生那么肤浅。在困境中，以往人生中那些对名利的追逐，都比不过对生命的追求、对亲情的渴望。这些是多么简单的事情，却总是被人们所忽略。

　　如果为了小事而斤斤计较，就会让自己忘了初衷，变得不可理喻，最后只会伤人伤己。为了一点小事，去放弃美好的生命，这是一件多么得不偿失的事情啊，非洲的野马就是如此。

　　在美洲大草原上，有一种极不起眼的动物叫吸血蝙蝠。它体形很小，却是野马的天敌。这种蝙蝠靠吸动物的血生存，它在攻击野马时，常附在马腿上，用锋利的牙齿极敏捷地刺破野马的腿，然后用尖尖的嘴吸血。无论野马怎么蹦跳、狂奔，都无法驱逐蝙蝠。蝙蝠却从容地吸附在野马身上，直到吸饱吸足，才满意地飞去。而野马常常在暴怒、狂奔、流血中无可奈何地死去。

　　动物学家们在分析这一问题时，一致认为吸血蝙蝠所吸的血量是微不足道的，远不会让野马死去，野马的死亡是它暴怒的习性和狂奔所致。杀死野马的并不是蝙蝠，而是它自己。因为自己的过多计较，让习性变得暴怒，使头脑不再清醒，只看到眼前的小蝙蝠对自己的伤害，而忘了生命的美好。

少计较，多发现美

少计较，多看美好的事物，心情自然就会快乐起来。其实，快乐就在我们的生活中：

首先，少去计较自己收入的高低、容貌的美丑、生活环境的优劣、伙食的好坏等这些琐事。

其次，学着用发现美的眼睛去看待生活，你会发现生活中只有一小部分极不和谐，而大部分都充满了快乐。

所以，我们去发现生活中的美吧，让我们和生活成为很好的朋友，而不是吹毛求疵的敌人。

其实人也是一样，真正让人失败的不是挫折，不是困难，而是生活中的小事，就是这些小事，让你斤斤计较，总是在这些事情上难以释怀，占去了大量的时间和精力，让你无法静下心来去

掌控情绪

品味生活，更让你无法静下心来去拼搏创造。总是在小事上看到自己的人生，那么眼光就会越来越狭窄，丧失掉远大的理想，最后也只能碌碌无为、抱怨终生地过一辈子。

所以，不要让斤斤计较充斥你的生活，对于一些小事，不如一笑而过。把时间和精力放在自己的理想上。人的一生太过短暂，既然实现理想的时间都不充裕，又何必在斤斤计较上浪费时间呢？

只有不过分地计较才会发现更多的快乐、拥有更多的幸福。

学会付出，学会与人分享

俗语说："赠花予人，手上留香！"学会付出是美好人性的体现，同时也是一种处世智慧和快乐之道。有一句名言说："人活着应该让别人因为你活着而得到益处。"学会分享、给予和付出，你会感受到舍己为人、不求任何回报的快乐和满足。罗曼·罗兰说得很精彩："快乐和幸福不能靠外来的物质和虚荣，而要靠自己内心的高贵和正直。"

贝尔太太是美国一位有钱的贵妇，她在亚特兰大城外修了一座花园。花园又大又美，吸引了许多游客，他们毫无顾忌地跑到贝尔太太的花园里游玩。

年轻人在绿草如茵的草坪上跳起了欢快的舞蹈；小孩子扎进花丛中捕捉蝴蝶；老人蹲在池塘边垂钓；有人甚至在花园当中支

起了帐篷，打算在此过他们浪漫的盛夏之夜。贝尔太太站在窗前，看着这群快乐得忘乎所以的人们，看着他们在属于她的园子里尽情地唱歌、跳舞、欢笑。她越看越生气，就叫仆人在园门外挂了一块牌子，上面写着：私人花园，未经允许，请勿入内。可是这一点也不管用，那些人还是成群结队地走进花园游玩。贝尔太太只好让她的仆人前去阻拦，结果发生了争执，有人竟拆走了花园的篱笆墙。

后来贝尔太太想出了一个主意，她让仆人把园门外的那块牌子取下来，换上了一块新牌子，上面写着：欢迎你们来此游玩，为了安全起见，本园的主人特别提醒大家，花园的草丛中有一种毒蛇。如果哪位不慎被蛇咬伤，请在半小时内采取紧急救治措施，否则性命难保。最后告诉大家，离此地最近的一家医院在威尔镇，驱车大约50分钟即到。

这真是一个绝妙的主意，那些贪玩的游客看了这块牌子后，对这座美丽的花园望而却步了。可是几年后，有人再往贝尔太太的花园去，却发现那里因为园子太大，走动的人太少而真的杂草丛生、毒蛇横行，几乎荒芜了。孤独、寂寞的贝尔太太守着她的大花园，她非常怀念那些曾经来她的园子里游玩的快乐的游客。

篱笆墙是农家用来把房子四周的空地围起来的类似栅栏的东西，有的上面还有荆棘，不小心碰上会被扎。篱笆墙的存在是向别人表示这是属于自己的"领地"，要进入必须征得自己的同意。

学会付出，收获快乐

快乐是人生的至高追求，只有给予和付出，你才能实现这一追求。

当自己有好东西时，懂得与别人分享。

当别人有困难时，懂得善待他人。

生活中举手之劳的付出与给予，不仅能带来良好的人际关系，给别人以快乐和力量，还能使自己在精神上得到满足，何乐而不为呢？

反之，不懂得与别人分享快乐，不懂得帮助别人的人，当自己有困难时难免"百呼无应"。

贝尔太太用一块牌子为自己筑了一道特别的"篱笆墙"，随时防止别人的靠近。这道看不见的篱笆墙是一种自私的表象，它隔开的不只是人的脚步，更是心与心的靠近，当所有朋友都远离，当所有脚步都绕路而行，那么再美的花园又有什么用？无人分享，就永远不能实现它本身的价值。

只有与别人分享，才能获得真正的快乐。只要拥有博爱之心，把自己一份微不足道的关爱送到别人的身边，你就会得到更多的关爱，你的快乐也将加倍地增长。

学会给予和付出，你会感受到舍己为人不求任何回报的快乐和满足。一位儿童教育家说："只知索取，不知付出；只知爱己，不知爱人，是当前独生子女的通病。"那么我们如果能在此刻学会付出，快乐就会铺天盖地而来。

即使你拥有金钱、爱情、荣誉、成功和刺激，也许你也不会感到快乐。在生活中，从一个表情、一句问候、一个眼神、一件小事开始，学会付出，善意地看待这个世界，快乐会时时与我们相伴。说到底，拥有快乐其实很简单。

知足常乐，不做欲望的仆人

法国杰出的哲学家卢梭用一句经典的话形容现代人的物欲，他说："10岁被点心、20岁被恋人、30岁被快乐、40岁被野心、50岁被贪婪所俘虏，人到什么时候才能只追求睿智呢？"人心不能清净，是因为物欲太盛。人生在世，不能没有欲望；然而，物

物质上永不知足的诱因

物质上永不知足是一种病态，常见的引发人们不知足的诱因有以下三个方面。

权力

地位

金钱

如果放任永不知足的病态发展下去，就会变得贪得无厌，其结局必然是自我毁灭。

欲太强，就会沦为欲望的仆人，一生也不得轻松。

　　从前，一个想发财的人得到了一张藏宝图，上面标明密林深处的一连串宝藏。他立即准备好一切旅行用具，还特意带了四五个大袋子用来装宝物。一切就绪后，他进入那片密林。他斩断了挡路的荆棘，蹚过了小溪，冒险冲过了沼泽地，终于找到了第一处宝藏，满屋的金币熠熠夺目。他急忙掏出袋子，把所有的金币装进了口袋。离开这一宝藏时，他看到了门上的一行字："知足常乐，适可而止。"

　　他笑了笑，心想：有谁会丢下这闪光的金币呢？于是，他没留下一枚金币，扛着大袋子来到了第二处宝藏，出现在眼前的是成堆的金条。他见状，兴奋得不得了，依旧把所有的金条放进了袋子，当他拿起最后一条时，上面刻着："放弃了下一个屋子中的宝物，你会得到更宝贵的东西。"

　　他看了这一行字后，更迫不及待地走进了第三处宝藏，里面有一块磐石般大小的钻石。他发红的眼睛中泛着亮光，贪婪的双手抬起了这块钻石，放入了袋子中。他发现，这块钻石下面有一扇小门，心想，下面一定有更多的东西。于是，他毫不迟疑地打开门，跳了下去，谁知，等着他的不是金银财宝，而是一片流沙。他在流沙中不停地挣扎着，可是越挣扎就陷得越深，最终与金币、金条和钻石一起埋在流沙下。

▶ ·掌控情绪

如果这个人在看了警示后离开，在跳下去之前多想一想，那么他就会平安地返回，过上富足的生活了。知足，从某种意义上讲，给了自己一个生存的空间，给了自己一条走向成功的道路……

　　生活中我们应该明白，即使你拥有整个世界，但你一天也只能吃三餐。这是人生思悟后的一种清醒，谁真正懂得它的含义，谁就能活得轻松，过得自在，白天知足常乐，夜里睡得安稳，走路感觉踏实，蓦然回首时没有遗憾。

　　人赤条条地来去于这个世界上，不可能永久地拥有什么，当你煞费心机所获取来的又在自己赤条条地离开之前交给他人的时候，那将是怎样的一种心态呢！相反，假使我们能对我们现有的一切感到满足，那么，我们便会自得其乐，拥有幸福。所以有人提出："人生是这样的短暂，我们纵然身在陋巷，也应享受每一刻美好的时光。"

第十一章

正确地思考才能拥有好情绪

执着，但不固执

执着是一种很好的品质，但执着与固执只在一念之间。执着过头了，就会变成固执。在遇到任何事，如果固执不肯改变，情绪就一直处于紧绷的状态，一旦有人提出反对，或是有外物影响自我，都有可能让自己的情绪爆发。所以我们无论做人还是做事，都要学会在思考上保持理智，在情绪上保持冷静。只有理智和冷静，才能找到情绪表达的度。

固执地坚守某一样事物，不愿有丝毫改进，往往容易偏离目标，铸成大错。做人做事都不可以太固执，应该充分考虑他人的意见，因为没有一个人的思想总是正确无误的。执着地追求某一样东西，是需要智慧的，如果不切实际地坚持一己之见，不接受新事物，不愿做丝毫的改进，那么，所追求的目标肯定很难实现。

许多人常咬定"青山"不放松，结果却败得一塌糊涂。事实上，换一个角度，换一种方法，将"柳暗花明又一村"。我们都被教导，做事情要有恒心和毅力，比如："只要努力、再努力，就可以达到目的。"但是，有时你如果按照这样的准则做事，你就会不断地遇到挫折和产生负疚感。由于"不惜代价，坚持到底"这一教条的影响，那些中途放弃的人，常常被认为"半途而废"，令周围的人失望。

有一个年轻人出生在农村，他从小就渴望成为一个作家。为此，他十年如一日地努力着。他每天坚持写作500字，一篇文章完成后，他反复修改，直到自己满意之后，才满怀希望地寄往远方的报社、杂志社。

可是，多年以来，他写的东西从没有只字片言变成铅字，甚至连一封退稿信也没有收到过。29岁那年，他总算收到了第一封退稿信。那是他坚持投稿的刊物的总编寄来的，信中写道："……看得出，你是一个很努力的青年。但我不得不遗憾地告诉你，你的知识面过于狭窄，生活经历也相对苍白，这些说明你可能不适合创作这条道路。但我从你多年的来稿中发现，你的钢笔字越来越出色……"

这个投稿的年轻人就是张文举，现在是有名的硬笔书法家。记者们去采访他，提得最多的问题是："您认为一个人走向成功，

▶◀掌控情绪

最重要的条件是什么？"

　　张文举说："一个人能否成功，理想很重要，勇气很重要，毅力很重要，但更重要的是，人生路上要懂得舍弃，更要懂得转弯！"

　　执着，但不固执，就是要适时调整自己的状态和方向。张文举不适合当作家，却意外地成为一个书法家。"条条大路通罗马"，此路不通，请走彼路。人的成长路途中有许多的机遇，只要变通一下，也许就会柳暗花明。

　　坚持是一种良好的品性，可是如果这个目标是错误的，仍要奋力向前，并且又自以为自己意志坚定、态度坚决，那么，由此导致的恶劣后果恐怕比没有目标更为可怕。因为，在错误的道路上，过分坚持会让我们迷失在自己的情绪困境中，从而导致更大的失败。这个时候所做的所有努力都是徒劳的。成功者的秘诀是随时检视自己的选择是否有偏差，合理地调整目标，放弃无谓的坚持，轻松地走向成功。

　　我们无法改变生存的外在环境，但是我们可以转换一下自己的思维，适时改变一下思路，只要我们放弃了盲目的执着，选择了理智的改变，就有可能开辟出一条别样的成功之路。世界上没有死胡同，关键就看你如何去寻找出路。

　　其实，有些事情，你虽然付出了很大努力，但你会发现自己处于一个进退两难的境地，这时候，最明智的办法就是抽身退出，寻找其他的成功机会。

没有果敢的放弃，就没有辉煌的选择。与其苦苦挣扎，撞得头破血流，不如潇洒地挥挥手，勇敢地选择放弃。

站在对方的角度看问题

我们共同生活在这个世界上，但是我们每个人之间存在着很多不同，这些不同有可能源于我们生活的背景、性格的差异。有的人总是坚持自己的原则、自己的性格，这并没有错。但是每个人从来都不是孤立活在世界上的，都需要别人的协作。如果一味地固执己见，必然让双方都陷入愤怒的情绪中。我们没有必要把自己的想法强加给别人，却必须学会从他人的角度思考问题。一个情绪掌控高手会用以心换心的方式与人交往，即便是自己的亲人也要站在对方的角度去感受。

一位母亲在圣诞节带着5岁的儿子去买礼物。大街上回响着圣诞赞歌，橱窗里装饰着彩灯，盛装可爱的小精灵载歌载舞，商店里五光十色的玩具琳琅满目。

"一个5岁的男孩将以多么兴奋的目光观赏这绚丽的世界啊！"母亲毫不怀疑地想。

然而她绝对没有想到，儿子呜呜地哭出声来。"怎么了，宝贝？""我……我的鞋带开了……"母亲不得不在人行道上蹲下身来，为儿子系好鞋带。母亲无意中抬起头来，啊，怎么什么都没有？没有绚丽的彩灯，没有迷人的橱窗，没有圣诞礼物……原

▶ ◀掌控情绪

从他人的角度看问题

　　每个人都有自己既定的习惯和立场，容易忘却他人的想法。要想了解别人的情绪，必须学会站在他人的角度思考问题。

来那些东西都太高了，孩子什么也看不见！这是这位母亲第一次以 5 岁儿子目光的高度仰望世界。她感到非常震惊，立即起身把儿子抱了起来……

从此这位母亲牢记，再也不要把自己认为的"快乐"强加给儿子。"站在孩子的立场上看待问题"，这位母亲通过自己的亲身体会认识到了这一点。

孩子看见的东西，母亲不一定能看到；而母亲能看到的东西，孩子不一定能看到。然而如果母亲放低身子或让孩子抬高角度，那么彼此都能理解对方的情绪和感受。同样，在与人交往中也要站在对方的角度看问题。

一位沟通大师说："当你认为别人的感受和你自己的一样重要时，才会出现融洽的气氛。"我们需要多从他人的角度考虑问题，如果对方觉得自己受到重视和赞赏，就会报以友好的态度。如果我们只强调自己的感受，别人就不会与你交往。

为对方着想就是为自己着想，这才是情绪掌控高手应具备的品质。

千万不要以自我为中心而完全不顾他人的颜面、立场，如果将自己的价值标准强加给别人，轻则得到的是不和谐的人际关系，重则可能使自己一败涂地。

时常有人抱怨自己不被他人理解，其实，换个角度可能别人也有同样的感受。当我们希望获得他人的理解，想到"他怎么就不能站在我的角度想一想呢"时，我们也可以尝试自己先主动站在对方的角度思考问题，这样就能明白他人的情绪感受，顺利引导他人情绪。

卡耐基有一个保持了多年的习惯，经常在他家附近的公园内散步。令他痛心的是，每一年树林里都会失火。那些火灾几乎是那些到公园里野餐的孩子引起的。卡耐基决定尽自己所能改变这种状况。他告诉不听话的孩子会叫警察把他们抓起来。卡耐基后来说自己只是在发泄某种不快，根本没有考虑过孩子们的感受。那些孩子即使服从了，等卡耐基一走，他们很可能又把火点燃。

后来，卡耐基意识到必须换一种方式来和那些孩子沟通。他再次看到孩子们在树林里生火时，就微笑着问他们："孩子们，你们玩得高兴吗？"卡耐基和孩子们融洽相处。在与孩子交往中向他们灌输不要玩火的思想。比如，生火时要离枯叶远一点，不要在大风的天气中生火，等等。孩子们立刻就照做了。

显然，卡耐基前后的做法收到的效果大不一样，改变谈话方式后，那些孩子很愿意合作，而且毫不勉强。

卡耐基有一句避免争执的话："我不认为你有什么不对，如果换了我肯定也会这样想。"这句话能使最顽固的人改变态度，而且你说这句话时并不是言不由衷，因为人类的情绪和需求是大致相同的，如果真的换了你，你就会有他那样的想法和感觉，尽管你也许不会像他那样去做。

懂得放弃是具有较高情绪控制能力的表现

忧郁、无聊、困惑、无奈以及一切不快乐的情绪，都和我们的要求有关。我们之所以产生这些情绪，是因为我们渴望拥有的东西太多了；或者太执着了，不知不觉，我们已经沉迷于某个事物中了。"把手握紧，什么都没有，但把手张开就可以拥有一切。"

假如在一个暴风雨的夜里，你驾车经过一个车站。车站上有三个人在等巴士，其中一个是病得快死的老妇人，一个是曾经救过你命的医生，还有一个是你长久以来的梦中情人。

如果你只能带上其中一个乘客走，你会选择哪一个？

很多人都只选了其中唯一选项。而最好的答案是，"把车钥匙给医生，让医生带老妇人去医院，然后我和我的梦中情人一起等巴士"。

大部分人从来不想放弃任何好处，就像那把车钥匙。有时候，如果我们可以放弃一些固执、限制甚至利益，我们反而可以得到更多。这里有很多关于取和舍的深层问题。

在人生的旅途中，需要我们放弃的东西很多。如果不是我们应该拥有的，我们就要学会放弃。几十年的人生旅途，会有山山

▶◄掌控情绪

水水、风风雨雨，有所得也必然有所失，我们只有学会了放弃，才会拥有一份成熟，才会活得更加充实、坦然和轻松。

放弃一件事情，也许会开启另一道成功的门。生活是一个单项选择题，每时每刻你都要有所选择、有所放弃，要追求一个目标，你必须在同一时间放弃一个或数个其他的目标。该放弃时就放弃，不要在犹豫不决中虚度光阴，否则到最后可能一无所有。

放弃，是一种智慧，是一种豁达，它不盲目、不狭隘。放弃，为我们的情绪提供一个相对宽松的环境，它滋润了心灵、驱散了乌云、清扫了心房。有了它，人生才有坦然的心境；有了它，生活才会阳光灿烂。

由美国励志演讲者杰克·坎菲尔和马克·汉森合作推出的《心灵鸡汤》系列读本，被翻译成数十种语言，感动激励了无数的人。可是谁能想到在开始写作之前，马克·汉森经营的是建筑业呢？原来马克在建筑业经营彻底失败、自己也破产之后，果断地选择了放弃，选择彻底退出建筑业，并忘记有关这一行的一切知识和经历，甚至包括他的老师——著名建筑师布克敏斯特·富勒。他决定去一个截然不同的领域创业。很快，他就发现自己对公众演说有独到的领悟，而这是个容易赚钱的职业。一段时间之后，他成为一个具有感召力的一流演讲师。后来，他的著作《心灵鸡汤》和《心灵鸡汤2》双双登上《纽约时报》的畅销书排行榜，并停留数月之久。

马克放弃了建筑业，但是不能简单地说他是个半途而废的人，他是一个会给情绪松绑的人。要知道，只有懂得放弃，才能做出更好的选择，才能获得成功。选择和放弃都是人生的智慧，太执着、占有欲太强只能给自己的人生增加负担。理智选择，果断放弃才能让自己轻装上阵，走向成功。

放弃其实是为了得到，只要能得到你想得到的，放弃一些对你而言并不必需的"精彩"，又有什么不可以呢？

对自己的人生主动出击

很多人都无法从负面情绪中走出来，因为他们认为自己失败，是因为不能得到别人所享有的机会，没有人帮助和提拔他们。他们会说，好的位置已经满了，高的职位已被抢走了，一切好的机会都已被别人捷足先登，所以他们毫无机会了。这种人把失败原因都归于别人，所以他们没有情绪负担是不可能的。

但积极的人不会推脱，他们不在负面情绪中做过多停留，而是主动对自己的人生出击。他们迈步向前，不等待别人的援助，他们靠的是自己。

刚毕业不久的大学生小杨，在工作初期遇到了很多困难，但他告诉自己：面对问题时，要用尽全力，心中除了胜利以外，什么都不想。这种想法改变了他的人生。如今，他已成为一家大公司的第一号推销员了。

对人生主动出击

要对自己的人生主动出击，可以运用下面的一些方法。

1. 遇到困难时，最重要的是绝不放弃，坚持到底。

2. 不要被外在环境吓倒，内心充满希望，发挥"我认为能，就做得到"的精神。

3. 培养主动的精神，不要一味坐等。主动一点，你自然会走向成功。

他说："四年前，我还是个落伍者，成天唉声叹气、愁眉不展，抱怨苍天待我不公。我终日懒懒散散，整天做着发财梦，可是这些异想天开的事始终没有降临在我身上。我的幻想终于破灭了，只觉得前途一片黑暗。就在这个时候，一个朋友对我说：'天下没有不劳而获的事情，人生要靠自己主动去开创，你对人生付出多少，人生就给予你多少。'人生每天都向我们提出一些问题——你是否对人生怀疑？你是否对自己的能力有信心？唯有信心，才能使你主动去创造成功的人生。

"过去我从没有努力地工作过，再加上自己又缺乏信心，当然尝不到成功的果实。突然间，我感到自己整个人都变了，也发现现实充满了新的机会，我决定从推销员干起，我相信自己有能力突破任何困难。从此，'信心与行动'便成了我的人生信条。"

天下没有不劳而获的事情，一直等待机会，不主动出击是不会获得成功的。小杨正因为明白了这个道理，才找到了自信，积极地工作，最后获得成功。积极进取的人，不会等待运气护送他走向成功，而会努力争取更多成功的机会。也许，他可能因为经验不足、判断失误而犯错，但是只要肯从错误中学习，等他逐渐成熟后，就会成功。

真正想成功的人，不会只坐下来发泄自己的抱怨情绪，怨天怨地，他会检讨自己，再接再厉。掌握自己人生的主动权，就需要主动对自己的人生出击，事情不顺利时，必须抱着主动的精神

▶ 掌控情绪

和充分的信心，积极努力地去克服困难，就是遇到了再大的阻力，也绝不退缩，如此才有成功的希望。若开始就抱着放弃的心理，那就根本产生不了斗志，到头来困难更多，这样下去一定会失败。所以，我们在遇到困难时必须直面问题，冷静思考，再努力地去尝试。

在遇到困难时，不要找理由或借口逃避现实。但凡世上成功立业之人都能勇敢地面对困难、解决困难，不被逆流轻易击倒。

在日常生活和工作中，机遇不会时时光顾你，消极等待只能是徒劳；只有主动出击，才能让我们拥有阳光般的良好情绪，最后我们才能为自己赢得一份成功的把握。

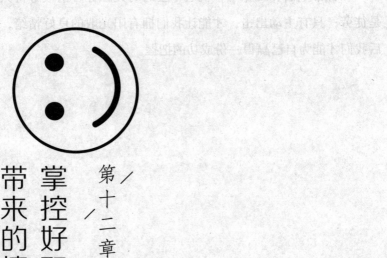

第十二章

掌控好职场给你
带来的情绪

老板的批评应冷静对待

职场上的每个人，在挨批评或受到警告、指责时，心里都会不痛快。尽管你知道这是再正常不过的事了，可还是常常产生抵触和抱怨情绪，从而影响到你和上司的关系。面对上司的批评，应当保持冷静，首先要做的就是认真地承认错误。既然上司批评你，就说明你的工作存在漏洞。如果你坚持自己的观点，和老板争吵，闹得没有办法收场，那么你跟老板的关系就会变得僵化。

黄芳是一家网络公司的设计师。一周前，她因为一个小错误导致公司的系统出现问题。老板当时就大发雷霆，斥责她工作不认真。黄芳虽然心里很不舒服，但毕竟是自己的错误，也就诚恳地认错了。但是，没过几天，公司的系统又出现问题。这次老板没有追查，直接找到黄芳，不问原因就把黄芳狠狠地批评了一通。黄芳心里非常委屈。但是，她觉得虽然这一次不是自己的错误，但如果跟老板直接顶撞，对自己也没有任何好处。既不能解决问题，还在同事中造成不好的影响。于是她就承认了自己工作上的失误，并把问题解决了。

　　黄芳的做法，有的人会认为是懦弱的表现。然而，职场上只有冷静地对待老板的批评，才不会做出与自己身份不符的事情。其实，受到一两次批评并不代表自己就没有前途，更没必要觉得一切都没有希望了。上司批评你主要是针对你所犯的错误，除了个别有偏见的上司外，大部分的领导都不会针对员工个人。上司的本意是通过责备让你意识到错误，避免下次再犯，并不是觉得你什么事情都做不好，对你进行打击。如果受到一两次批评你就一蹶不振、精神萎靡，这样才会让上司看不起你，今后他可能也就不会再信任和提拔你了。如果确实是你的错误，那么，老板批评你的时候，毫不犹豫地接受才是正确的。但是如果你是被冤枉的，尽管心里非常生气、非常不平衡，但是你一定要等老板的脾气发完了才可以解释。在对待挨骂的态度上，我们不妨参悟一下河蚌的自卫方式。

　　河蚌身上的壳就是最好的自卫武器。众所周知，河蚌在遭受外力干扰或进攻时，便把它的柔软的身体缩进壳里，它从不反击，直到外力消失之后，它认为安全了，才把自己的壳打开，享受美妙的海水。这样，不管是什么样的打击和压力，只要不超过河蚌壳的承受能力，它都可以完好无损。

面对怒气冲冲的上司，我们与其做一头狮子，不如把自己当作一只河蚌，收起自己的不满和冲动，任凭指责和批评，直到上司的情绪得到缓和。这或许显得有点懦弱，但是从摆正心态的角度来理解是聪明和正确的。忍一时风平浪静，退一步海阔天空，如果上司对你的批评没有任何附加意义，只是一次简单的训斥，就把它当成一次暴风雨。你可以通过得当的处理充分利用它，让它成为你走进上司视线，受其关注的一次契机。这样比一味争吵、发一通牢骚好得多。

工作中，老板发脾气是常有的事情，但你不能让自己的情绪受影响。老板的怒气很快就会消失，如果你和老板顶撞生气，闹得沸沸扬扬，除了影响自己的情绪甚至发展前途，可能就完全没有其他的好处了。所以，面对老板的指责和无端的火气，最好的办法就是理性地管理自己的情绪，不让它受到老板的影响，这样才能做一个理智而聪慧的人。

看清老板的"黑色情绪"

每个人都有情绪不好的时候。但是身在职场，如果不能体会到老板的情绪，就算不上一个好员工。有些情况下，如果老板的情绪非常不好，员工恐怕就成了老板发怒的对象了。这样撞枪口的事情，每个公司里都会不定期地上演。所以人在职场，最重要的就是能够察言观色，巧妙地应对老板的负面情绪。

老板是公司里最重要的人物之一。如果得罪了老板，你的工作就不会进展得太顺利，有时候甚至被老板一怒之下开除。谁都不愿意被老板批评，当碰到老板情绪很差时，能躲则躲；如果躲不过，要尽力地让老板的情绪在你这里变得好转。

赵鑫是一家投资公司的小职员。平时工作也很卖力，深受老板和同事的欣赏。这天，他特意很早地就到了公司，想尽快做出一份满意的报表给老板看。辛苦了一上午，终于做完了，他兴冲冲地来到老板的办公室。不巧，老板正在跟几个客户谈合同。于是，他就在外面等了一会儿。

半个小时后，老板从办公室出来了。赵鑫就迫不及待地给老板看自己的报表。谁知道，老板连看都没看，就说做得不合格，让他回去重做一份，情绪极其暴躁。赵鑫一时呆住了，不知道出了什么状况。

回到办公室后，才从同事的口中得知，老板今天谈的项目没有成功，正在气头上。赵鑫这才恍然大悟，看来是自己没找对时机，幸亏自己当时没有辩解，要不然，老板说不定就会拿自己当出气筒了。

看清老板的情绪

了解老板的情绪状况，对我们的工作至关重要。如何看清老板的情绪？

还好，我发现老板情绪不对就赶紧撤了。

方法一，要能看清楚状况，要及时地捕捉老板脸上的阴晴圆缺。

方法二，一旦遇到老板情绪不好，一定不要当面顶撞。顶撞无疑是火上浇油，让老板的情绪更加恶劣。

> 不仅不能跟老板顶撞，还要用巧妙的言辞让老板的脸色由阴转晴。化解老板的怒气，让自己的工作顺利完成。

　　莫名其妙地被老板训斥一通，心里必定不舒服。赵鑫很聪明，在老板发怒的时候没有顶撞。如果当时赵鑫因自己的努力被忽视而跟老板顶撞，那么后果不堪设想。所以，汇报工作也要看准时机才能进行。

　　不懂得注意老板情绪的员工，遇到个脾气温和的老板，或许只是批评你几句；要是遇到个脾气暴躁的老板，恐怕不但对你横眉冷对，还会让你直接走人。所以，身在职场，要学会察言观色，老板的脸色能准确地反映他现在的情绪。如果你弄不懂老板的情绪，后果就会很严重。这也是很多员工埋头苦干却还是经常挨骂的原因。

如果你不幸碰到老板情绪非常差，那么，挨骂的你该做出什么反应呢？相信很多人会为莫名其妙地被领导骂而耿耿于怀。甚至有的人忍受不了委屈，当即就澄清自己的冤屈。这样做，是不明智的。遇到老板情绪很糟糕时，你最应该做的就是忍耐。忍一时风平浪静，领导正在气头上，不妨站在他的位置上思考问题。人都有压力大的时候，你为老板着想，你就能成为老板信赖的人。等老板的气消了，一切也就恢复了原状。老板发怒时的情形也就没人会记在心上。

经常在老板身边的人，一定有一双锐利的眼睛，老板脸上的情绪都能够被他看在眼里、记在心上。做事情的时候，不但时刻注意自己的言辞，更是想办法化解老板的负面情绪。这样的员工才会得到老板的重用和赏识。

清除"心理污染"，办公室也"阳光"

今天，人们面临的压力越来越大，在办公室工作的人的心理卫生也成了一个不可忽视的问题，而且日趋严重。当你每天走进办公室时，不知你是否发现有很多因素在影响着每个人的情绪，进而影响到工作的质量。我们将影响一个人情绪的诸多因素称为"心理污染"。

办公室内如果存在"心理污染",从某种意义上讲比大气、水质、噪声等污染更为严重,它会打击人们工作的积极性,乃至影响工作效率、工作质量。

病毒的传染有药可治,并不可怕。但是,情绪的传染,打击的则不仅是躯体,还有精神。它会使人丧失自信,失去前进的动力。在生活中,人们经常遇到令人烦恼、悲伤甚至愤恨的事情,并由此产生不良情绪。所以,我们应该学会控制和调节自己的情绪,保持身心健康。

下面的方法不妨一试。

1. 意识调节

人的意识能够控制情绪的发生和强度。一般来说,修养较高的人,能更有效地调节自己的情绪,因为他们在遇到问题时,能够做到明理和宽容。

2. 语言调节

语言是影响人情绪体验与表现的强有力工具,通过语言可以引起或抑制情绪反应。如林则徐在墙上挂着写有"制怒"二字的条幅,就是用语言来控制和调节情绪的例证。

3. 注意力转移

把注意力从自己的消极情绪转移到其他方面。俄国文豪屠格涅夫劝告那些刚愎自用、喜欢争吵的人,在发言之前,应把舌头在嘴里转 10 个圈。这些劝导,对于缓和情绪非常有益。

4. 行动转移

行动转移是把愤怒的情绪转化为行动的力量，以缓解不良情绪。

5. 释放法

让愤怒者把有意见的、不公平的、义愤的事情坦率地说出来，或者对着沙包、橡皮人猛击几拳，可以达到松弛神经的目的。

6. 自我控制

自我控制即按照一套特定的程序，以机体的一些随意反应来改善机体的另一些非随意反应，用心理过程来影响心理过程，从而达到松弛入静的效果，以排除紧张和焦虑等不良情绪。

通过以上方法，清除自己的"心理污染"，不仅会改善自己的办公心情，提高自己的工作效率，而且会为他人创造一个和谐的办公环境，让办公室变得"阳光"。

面对客户，调控好自身情绪

面对客户，我们不能每时每刻都把自己的情绪表露出来，尤其是在与客户交谈时，正是客户通过情绪观察你本人的最好机会，所以自己一定要处理好情绪问题。你的情绪只属于自己，而客户的情绪才是你需要关注的对象。可是，如果正好你有负面情绪，而又不得不面对客户，那么你就要努力克制这种情绪。否则，你就不算成熟。在客户面前，自己的喜怒哀乐都要先放一边。这样才会全身心地与客户沟通，了解客户的需要，使沟通顺利进行。

赵倩是一家美容机构的美容师。从业以来，她一直努力工作，得到了同事和老板的认可。她是个独生女，平时省吃俭用，也非常孝顺父母。

一天早晨，她刚要出门上班，就碰到了一件尴尬的事情。一个客户急匆匆打电话给她，责问她是不是向自己推荐了价格贵的商品。赵倩被这突如其来的质问弄得摸不着头脑，仔细回忆，并没有觉得自己做过这一类的事情。这时，客户阴阳怪气地抛出一句话："即使要挣钱，也不要欺骗他人，有没有羞耻心啊！"说罢就挂了电话。憋了一肚子气的赵倩哭着去上班。

由于心里委屈，同事跟她打招呼她也不理。但她还是得擦干眼泪投入工作中。上班期间来了一位客户，赵倩勉强打起精神给她做脸部按摩。突然，她不小心把化妆水滴到了客户的眼睛里，尽管她频频道歉，客户仍然对她不依不饶。本来心里就委屈的赵倩，这时候怒不可遏，与客户争吵起来。幸好经理闻讯及时赶来，才平息了这场风波。但赵倩却因服务态度不好而被开除。

赵倩因负面情绪在客户面前失去理智，得罪了客户，自己也被开除。这是非常不理智的表现。不管自己的心情如何，到了工作岗位上，自己的情绪就需要及时收起来。用微笑面对每位客户，才是一个优秀职场人士应该具备的良好素质。

工作中，也经常碰到客户故意刁难的情况。比如，用质量有问题的借口来逼迫你降低售价；总是挑剔，不肯跟你签约。遇到这类情况，一个没有耐心的人肯定会心中充满怒气，或者表现不耐烦，最终导致合作失败。

谁都不愿意被他人批评甚至羞辱，但如果与客户发生争执，不管谁对谁错，都不应该大发雷霆或与客户争吵。否则，即使自己是对的，也会被冠上"服务态度极差"的罪名。

在与客户的交流中，要控制好自己的情绪。那么，如何才能在客户面前控制好自己的情绪呢？

首先，要始终微笑服务。

微笑是一个公司的招牌。如果每个员工都板着脸对待客户，那么，公司将面临不久就关门大吉的风险。即使遇到刁钻的客户，非要在鸡蛋里面挑骨头，你也要始终保持微笑，耐心真诚地为他们解答问题。遭到客户拒绝时，也应该微笑着为下一次合作打基础。

其次，要不气馁、不骄躁。

工作中，难免会出现与客户无法达成共识的情况。这个时候，不要因失望而对客户产生冷漠的情绪。要认清即使这次无法进行合作，并不代表以后也没有合作的机会。不要因自己的情绪问题与客户断绝关系，即使以后再有合作机会，对方也会因你态度转

▸·⌒掌控情绪 🐾

与客户面谈要控制自己的情绪 "心理污染"

1. 不抱怨
即使在见客户时天气恶劣，影响了自己的情绪，在面对客户时也不能抱怨，而是像往常一样热情。

2. 微笑面对客户
不管自己的真实心情如何，都要调整好自己的情绪，面对客户时要微笑，不能让自己的心情影响客户。

咱那样说他都不生气，真是个好脾气的人啊。

3. 不发泄
如果和客户之间在沟通时出现不良情绪，也要把这些不良情绪控制住，不能对客户表现出来。

以饱满的热情来对待你的每位客户，会帮你迎来一个事业的高峰；同时，即使客户有恶劣的情绪，你的热情也会感染他们，使合作顺利进行下去。

变而对你失去信心。同时，一次成功并不代表永远都会成功。谈成一笔合作项目后也别忘乎所以，表现出对客户的极度不尊重。

别因自己的情绪影响客户对自己业务能力的判断，如果失去客户的信任，工作可能就难以顺利进行。

第十三章

社交、婚恋中
如何掌控自己
的情绪

打开心窗，战胜社交焦虑症

患有社交焦虑症的人，对任何社交或公开场合都会感到恐惧或忧虑，害怕自己的行为或紧张的表现会引起羞辱或难堪。

欧阳上学时性格比较内向，与人交往时总是小心翼翼的。因为晕车，每次坐车前都特别紧张，害怕自己会出现干呕的症状，但上车之前就很少有这个感觉。某天要去一个老师家补习，刚坐完车，她突然想到万一在老师家忍不住吐怎么办？那时越想越感觉不舒服，最后果然吐了，老师家也没去成。后来又联想到去学校如果也发生这样的事怎么办，结果在路上也出现了干呕的症状。这样持续一段时间后，她害怕出现在公共场合，很多集体活动也不参加了。

我们大多数人在见到陌生人的时候多少会觉得紧张，这本是正常的反应，它可以提高我们的警惕性，有助于我们更快更好地了解对方。这种正常的紧张往往是短暂的，随着交往的加深，大多数人会逐渐放松，继而享受交往带来的乐趣。

然而对于社交焦虑症患者来说，这种紧张不安和恐惧是一直存在的，而且不能通过任何方式得到缓解。在每个社交场合、每次与人交往时，这种紧张状态都会出现。紧张、恐惧远远超过了正常的程度，并表现为生理上的不适：干呕甚至呕吐。类似欧阳这样的人，在日常生活中有很多。

一个不容忽视的方面是社交焦虑症的恶性循环。你可能会说："既然知道患有社交焦虑症，避免参加社交活动不就行了？"

其实，你心里清楚没那么简单。我们可以图解一下恶性循环：害怕被人评价—缺乏社交技能—缺少社交强化、缺少社交经历—回避特定的场合—害怕被人评价。

由此可见，单纯回避可导致一系列的问题，如害怕被人评价，社交技能缺乏，而这种缺乏会导致回避行为的增加，进一步加重了社交焦虑症的症状。所以，单纯通过回避减轻病情无异于"饮鸩止渴"，只会导致病情越来越恶化。

对于社交焦虑症患者来说，只有积极地进行治疗才是对付社交焦虑症的最佳办法。一方面加强社交技能的学习和强化，另一

如何预防孩子的"社交焦虑症"

有效预防孩子的社交焦虑症，可以让孩子正常交际或者变得善于交际，让孩子健康成长。

1. 为孩子营造一个良好的家庭氛围，不过分溺爱孩子，增强孩子承受挫折的能力，但也不可过分严厉。

2. 学校应该对孩子进行引导，比如开设心理学课程，教孩子在遇到问题时该如何处理。

当然，父母从小培养孩子的独立、与人和谐交往的意识，是有效预防"社交焦虑症"的关键。

▶ ▶ 掌控情绪

方面可通过适当的药物治疗来帮助克服社交时由紧张、恐惧引起的身体不适，逐渐形成良性循环。对治疗既不要急于求成，也不能自暴自弃。

有个患有社交焦虑症的青年，医生用妙法帮他摆脱了困扰。

这个青年十分害怕去人多的地方，于是医生给他做了硬性安排，让他每天卖100份当天的报纸。开始他不敢在街上抬头叫喊，就写了一张大字报"谁买报纸，5角一份"，结果第一天仅卖了10份，第二天有所好转，第五天就全部卖光，第十天他竟一晚上走街串巷地卖了200份报纸，他感到特别兴奋。

当然，这种方法并不是对每个人都适用，因为许多人从开始就无法面对这种方法，多数人会半途而废，不久又习惯地进入恐惧之中，最后还是回避。

另外，需要强调的是，由于社交焦虑症的发病年龄较低，我们认为预防社交焦虑症应从娃娃抓起。据有关报道，社交焦虑症与遗传及父母的行为方式有关。所以，为人父母的应引起注意。（习惯性焦虑、遗传因素、父母的过度保护→儿时缺乏适应能力的锻炼）＋（父母的排斥或批评、令人难堪或耻辱的特殊经历→预期性的焦虑）＝回避。由此可见，父母在教养孩子的过程中易犯的错误，可能增加孩子长大以后患社交焦虑症的可能性。特别是我国传统的教养方式，或者无原则地溺爱孩子，或者无来由地任意打骂孩子（中国自古就有"不打不成才""子不教，父之过"的古训）。

作为家长，培养孩子们从小树立自信，战胜恐惧情绪是很有必要的。一个被恐惧情绪控制的人是无法成功的，因为他拒绝一切新鲜事物，不让它们走进自己的生活。即使有那么一点渴望，也立刻被压制下来，不敢争取自己渴望的东西。

适当地保留自己的秘密

在人际交往中，许多人常常把自己的秘密毫无保留地袒露出来。有时如果没把自己的心事完完全全地告诉问及的人，心中就会有不安的情绪，认为自己没有以诚待人，感到对不起他人；认为别人对自己很好或很重要，不把自己的秘密告诉他是错的。但是，这样我们就很容易被人抓住把柄，从而让别人影响我们的情绪。

在生活中，坦诚是交际中的美好品格之一。人与人之间需要交流、需要友情，谁都不愿与一个从不袒露自己的内心世界、对任何问题都不明确表态的高深莫测的人交往。然而，对于坦诚我们应有一个正确的理解。所谓坦诚并不意味着别人要把内心世界的一切都暴露给你，也不意味着你要把内心世界的一切都暴露给别人。每个人都有秘密，这是正常的，也是必要的。

约翰把自己的重大秘密告诉了乔治，同时再三叮嘱："这件事只告诉你一个人，千万别对别人说。"然而一转脸，乔治便把约翰的秘密添枝加叶地告诉了别人，让约翰在众人面前很难堪。

　　这种背信弃义有时出于恶意，有时却是无意的。这与个人的品质修养有关。有的人透明度太高，这种人不但不能为别人保守秘密，就连自己的秘密也保守不住；有的人泄漏别人的秘密，不是为了伤害别人，而是为了抬高自己，"咱们单位的事，没有我不知道的"，"我要是想知道某件事，我就一定能了解出来"……这种人常这样炫耀自己，他们认为，知道别人的秘密越多，自己的身价就越高；有的人通过泄漏别人的秘密来伤害别人、娱乐自己，甚至把掌握的秘密当作要挟别人的把柄，当作自己晋升的阶梯，对这种人应该提高警惕。

　　当然，过于封闭自己也于自己的身心不利。有时我们需要找人倾诉衷肠。这种倾吐，有时是为了企求帮助，请对方出主意；有时则只是能向人打开心扉就十分满足了，渴望找人诉说心事，但问题在于你应该找准可以信赖的倾吐对象。人们倾吐的目的是驱除孤独，如果向不该倾吐的人倾吐了心事，结果会适得其反，你会因为遭到嘲弄和背叛而感到更加孤独。所以，在生活中你有必要找到关键时刻能替自己分担忧愁和苦恼的挚友，以免在需要找人倾诉时无处倾诉。

　　婉言谢绝别人对自己秘密的探问是一门交际艺术。对于关系不甚密切的人，谢绝不会让你陷入难堪的情绪状态。然而对于自己的老同事、老同学、老朋友，谢绝时就难以开口了。不过，无论关系是否密切，你在谢绝时最好不要用"无可奉告""暂时保密"这类过于直白的言辞，而是应该把话说得婉转些。例如甲想了解乙的择偶标准，就问乙："想找个什么样的？"乙想对甲保密，就可以这样说："这个问题我还没考虑好。"这样，虽然你没有直接回答对方的问题，对方也非常容易接受。

增强你的亲和力

一个人的亲和力在人际交往中十分重要，要想使别人认可你，愿意一直与你交往下去，亲和力往往在其中起着非常重要的作用。

在日常生活中，我们经常会听到有人这样评价一个非常受欢迎的人："他看起来很亲切。""她让人不由自主地想接近。""跟他在一起十分惬意，我很愿意与他交往。"这些都说明了一点，那就是亲和力在人际交往中的重要性。那些成功的人士，往往都是具有很强亲和力的人。

那是 1960 年 10 月的一天，科宁斯在报社办公室里看到那张工作人员任务单上，简直不敢相信自己的眼睛，反复把那一行字看了几遍：科宁斯——采访埃莉诺·罗斯福。

这不是非分之想吧？科宁斯成为《西部报》报社成员才几个月，还是一个新手呢，怎么会给他如此重要的任务？科宁斯拔腿去找责任编辑。

责任编辑停住手中的活，冲科宁斯一笑："没错，我们很欣赏你采访那位哈伍德教授的表现，所以派给你这个重要任务。后天只管把采访报道送到我办公室来就是了，祝你好运，小伙子！"

科宁斯急匆匆地奔进图书馆，寻找所需要的资料。科宁斯认真地将要提的问题依次排序，力图使其中至少有一个不同于罗斯福夫人以前回答过的问题。最后，科宁斯终于成竹在胸，甚至对即将开始的采访有点迫不及待了。

采访是在一间布置得格外别致典雅的房中进行的。当科宁斯进去时，这位75岁的老太太已经坐在那里等他了。一看见科宁斯，她马上起身与他握手。她那敏锐的目光、慈祥的笑容给人以不可磨灭的印象。科宁斯在她旁边落座以后，便率先抛出一个自认为别具一格的问题。

"请问夫人，在您会晤过的人中，您发觉哪一位最有趣？"

这个问题提得好极了，而且科宁斯早就预估了一下答案：无论她回答的是她的丈夫罗斯福，还是丘吉尔、海伦·凯勒等，科宁斯都能就她选择的人物接二连三地提出问题。

罗斯福夫人莞尔一笑："戴维·科宁斯。"

科宁斯不敢相信自己的耳朵：选中我，开什么玩笑？

"夫人，"他终于挤出一句话来，"我不明白您的意思。"

"和一个陌生人会晤并开始交往，这是生活中最令人感兴趣的一部分。"她非常感慨地说，"你这么辛苦地采访我，真是非常感谢你……"

科宁斯对罗斯福夫人一个小时的采访转眼结束了。她一开始就使他感到轻松自如，整个采访过程中，他无拘无束，十分满意。

这篇采访报道获得全美学生新闻报道奖。然而科宁斯最重要的收获是，罗斯福夫人教给他的人生哲学——有时候亲和力比威严更让人怀念。多年来，科宁斯一直都要求自己做个像罗斯福夫人那样具有亲和力的人。

不但成功人士的亲和力让人觉得十分可贵，而且一个普通人的亲和力也往往带给他人快乐，从而成为个人的招牌。

美国著名职业演说家桑布恩迁至新居不久，就有一位邮差来敲他的房门。

"上午好，桑布恩先生！我叫保罗，是这里的邮差。我顺道来看看，并向您表示欢迎，同时也希望对您有所了解。"他说起话来有一股兴高采烈的味道，他的真诚和热情始终溢于言表，并且他的这种真诚和热情让桑布恩既惊讶又温暖，因为桑布恩从来没有遇到过如此认真的邮差。他告诉保罗，自己是一位职业演说家。

"既然是职业演说家，那您一定经常出差旅行了？"保罗点点头继续说，"既然如此，那您出差不在家的时候，我可以把您的信件和报纸刊物代为保管，打包放好。等您回到家的时候，我再送过来。"

这简直太让人难以置信了，不过桑布恩说："那样太麻烦了，把信放进邮箱里就行了，我回来时取也一样的。"保罗解释说："桑布恩先生，窃贼会经常窥视住户的邮箱，如果发现是满的，就表明主人不在家，那您可能就要身受其害了。"桑布恩先生心里想，保罗比我还关心我的邮箱呢。不过，毕竟这方面他才是专家。

保罗继续说："我看不如这样，只要邮箱的盖子还能盖上，我就把信件和报刊放到里面，别人就不会看出您不在家。塞不进邮箱的邮件，我就搁在您房门和屏栅门之间，从外面看不见。如果那里也放满了，我就把其他的留着，等您回来再给您送来。"保罗这种认真负责的态度确实让桑布恩感动，他说话时带着的那种温暖的笑容更是深深地打动了桑布恩。以前的时候，桑布恩甚至没有注意过邮差是什么样子的，他只对自己能否按时拿到邮件感兴趣。

桑布恩在这个社区长久地住下来，后来他才发现，感觉到保罗身上具有一种神奇魔力的并不是他一个人，社区的很多邻居都非常喜欢保罗，并亲切地称呼他为"我们的保罗"。

亲和力具有一种魔力，它使伟大人物变得如我们身边的人一样可以亲近，使普通的人身上充满了魅力。保罗就是一个充满魅力的普通人，因为善良和真诚，以及温暖的笑容，他赢得了社区邻居的爱戴。

也许你会问："亲和力真的如此重要吗？"是的，亲和力能

如何培养自己的亲和力

亲和力不是每一个人都有的，然而亲和力在沟通交流中具有很重要的作用。那么如何培养亲和力呢？

主动问候
　　亲切主动地问候是一种文明，更是一种礼貌，会让对方觉得你很亲切。

恰当的称呼
　　我们要学会更好地称呼对方，亲昵的称呼往往能缩短彼此的距离。

学会微笑
　　微笑是增加自己亲和力最有效的方法，没有人会拒绝一个微笑的人。

很好地展现你积极的情绪，的确很重要。不论你是一个成功者，还是一个普通人，只要做到在与人交流的时候，保持一个稳定的情绪状态，不抬高自己，也不贬低自己，用你的亲和力去凸显你的诚恳和善良，就能拉近人与人之间的距离，得到更多人的青睐。

恋爱中男女情绪各异

由于生理特征、认知方式等方面的差异，恋爱中的男女在情绪表达上是有差异的。所以面对同一件事时，会产生不同的情绪，例如女友在看到男朋友来接自己以后，会非常高兴，但是当男友无意说了一句"我是顺便过来接你的"以后，女友会瞬间情绪爆发，认为这是男友对自己毫不重视的体现，而男人则认为仅仅是一句话，根本无所谓，也就不会对自己女友的情绪有认同感。

我们需要了解这些差异，这样有助于我们建立更加稳固的恋情。恋爱中男女的心理差异具体表现在以下方面。

1. 男性比女性更容易一见钟情

人们之间的了解，总是从相识开始。爱情萌生于好感，而人与人之间的好感，也离不开最初的一见。有的初见没有什么，但是日久生情；而有的只要见上一面，就会顿生情愫。通常情况下，男性更注重女性的外貌特征，而女性更注重男性的内心世界，选择对象一般比较慎重。因而男性比女性更易一见钟情。

2. 男性求爱时积极主动，女性则偏爱"爱情马拉松"

在恋爱的过程中，男性往往比较主动，敢于率先表白自己的爱情，喜欢速战速决，与对方接触不久，就展开大胆的追求，希望在短期内能够取得成功。女性则不然，她们喜欢采取迂回、间接的方式，含蓄地表达自己的感情，喜欢将爱情的种子珍藏在心灵深处。

3.男性在恋爱中的自尊心没有女性强

在恋爱中，男性一般并不过分计较求爱时遭到对方拒绝所带来的尴尬。如果求爱受挫，他们会用精神胜利法来安慰自己以求得自身心理上的平衡。女性则不然，她们在恋爱中极其敏感，自尊心强，并想方设法来满足这种需要。

4.男性的戒备心理没有女性强

一般来说，男性在恋爱中的戒备心理比女性弱一些。不少男性在与女性接触后，几乎没有怀疑对方的心理。女性则不然，她们在恋爱初期显得十分冷静，常常以审视的态度来观察对方是否出自真心，并考察对方的家庭细节，唯恐上当受骗。所以在恋爱的初期，女性往往显得十分小心谨慎。

5.女性的情感比男性细腻

在恋爱中，男性往往有些粗心，不能体察女方细微的爱情心理。他们顾及大的方面，而不注意小的细节，发现对方情绪变化时，经常百思不得其解、不知所措。

女性的情感很细腻，善于观察对方的心理。她们追求爱情的完美，要求男友的言谈举止都要称心。马马虎虎、粗心大意的男友不经意间说的一句话、做的一件事，常常会搞得她们伤感不已或大发脾气。

6. 在情感表现方面，女性较男性含蓄

男女在恋爱中的情感表现大不相同，即使到了感情白热化的热恋阶段。

男性一般反应迅速强烈、意志坚强、勇敢大胆、感情洋溢，但情绪不稳定。这种个性特点，使他们对爱的感受容易溢于言表、喜形于色。言行多不深思后果，易冲动，受到刺激时不善控制自己，如急于用亲吻、拥抱等亲昵形式表达爱。

女性一般沉稳持重、灵活好动、情绪多变、感情充沛而脆弱，体现在恋爱过程中，则是她们感情羞涩而少外露，善于掩饰自己，表达爱慕常因害羞而口难开，喜欢用婉转含蓄、暗示的方法而不喜欢过早用动作、行为的亲昵来表达。

7. 失恋后，女性的承受能力较强

失恋对于男女双方来说，多是痛苦的事情。但面对失恋，男性的承受力低于女性，常常表现得消沉、哀伤，乃至绝望。这是因为男性恋爱中的浪漫色彩较重，对失恋缺少理智的分析和考虑。另外，男性的承受力较差，在失恋这种重大挫折面前易消沉、哀伤。女性失恋后自然也非常痛苦、伤感，但她们承受力比较强，又喜欢憋在心里，所以看起来并不怎么痛不欲生。

"问世间情为何物，直教人生死相许"，爱情的力量是这样大，不断激发着两个人体验生命中的快乐，从相识到相恋到相伴。人生若舟，常常漂泊不定；爱情如桨，推波助澜，在平淡的生活

失恋后的常见心理表现

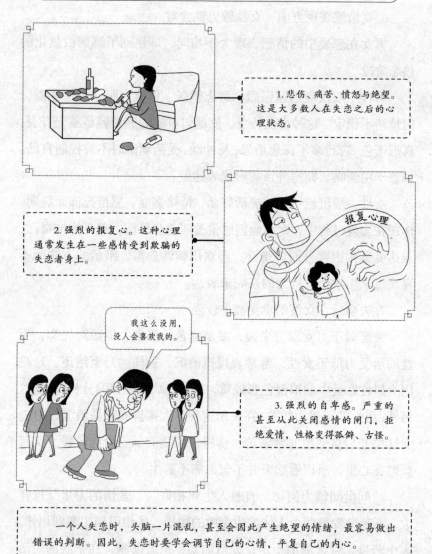

1.悲伤、痛苦、愤怒与绝望。这是大多数人在失恋之后的心理状态。

2. 强烈的报复心。这种心理通常发生在一些感情受到欺骗的失恋者身上。

报复心理

我这么没用，没人会喜欢我的。

3. 强烈的自卑感。严重的甚至从此关闭感情的闸门，拒绝爱情，性格变得孤僻、古怪。

一个人失恋时，头脑一片混乱，甚至会因此产生绝望的情绪，最容易做出错误的判断。因此，失恋时要学会调节自己的心情，平复自己的内心。

中荡起片片涟漪。真爱是美好的，真爱是宝贵的，懂得了男女在心理方面的差异，你便不会为了交往中的各种不同表现而产生坏的情绪了。

图书在版编目 (CIP) 数据

　　掌控情绪 / 宿文渊著 . -- 北京 : 中国华侨出版社 ,
2020.1（2020.8 重印）

　　ISBN 978-7-5113-8161-3

　　Ⅰ . ①掌… Ⅱ . ①宿… Ⅲ . ①情绪—自我控制—通
俗读物 Ⅳ . ① B842.6-49

　　中国版本图书馆 CIP 数据核字 (2020) 第 010377 号

掌控情绪

著　　者 / 宿文渊
责任编辑 / 刘雪涛
封面设计 / 冬　凡
文字编辑 / 胡宝林　朱立春
美术编辑 / 刘欣梅
插图绘制 / 圣德文化
经　　销 / 新华书店
开　　本 / 880mm×1230mm　1/32　印张：6　字数：179 千字
印　　刷 / 三河市新新艺印刷有限公司
版　　次 / 2020 年 6 月第 1 版　2022 年 1 月第 5 次印刷
书　　号 / ISBN 978-7-5113-8161-3
定　　价 / 35.00 元

中国华侨出版社　北京市朝阳区西坝河东里 77 号楼底商 5 号　邮编：100028
发 行 部：（010）88893001　　　传　　真：（010）62707370
网　　址：www.oveaschin.com　　E－m a i l：oveaschin@sina.com

如果发现印装质量问题，影响阅读，请与印刷厂联系调换。